图 4-5　语义分割

图 4-6　实例分割

图 4-7　全景分割

filter: grayscale(0)　　　　filter: grayscale(50%)　　　　filter: grayscale(1)

图 7-1　CSS grayscale()灰度滤镜效果

filter: hue-rotate(0deg)　　filter: hue-rotate(90deg)　　filter: hue-rotate(180deg)

图 7-2　CSS hue-rotate()色相旋转滤镜效果

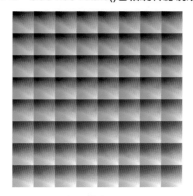

图 7-3　美白 3D LUT

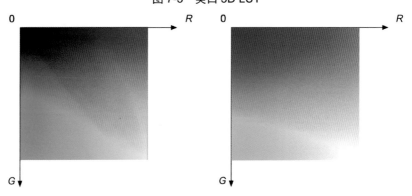

图 7-4　美白 3D LUT 第一个正方形和最后一个正方形

Web
智能化
AI应用与开发指南

张静嫒 岳双燕 樊中恺 / 著

电子工业出版社
Publishing House of Electronics Industry
北京·BEIJING

内 容 简 介

本书在介绍如何利用前端技术来实现深度学习的模型部署和预测的基础上，重点介绍了若干运用前端 AI 技术的典型场景。本书内容包括三大部分：前端与 AI、引入新模型和 Web AI 进阶。本书重点讲解模型开发的"全链路"，从模型供给到业务实现，串联起前端 AI 开发的整个流程。读者可以根据定制化的需求利用 Paddle.js 前端推理引擎完成算子开发、精度对齐、业务场景接入等具体的研发工作。本书不仅可以使读者对前端 AI 的理论和技术体系有深入的了解，还能通过指导实现推理效果的验证，让前端开发和 AI 技术深入结合，实现理论和实践的统一。

本书适合对 AI、深度学习和前端 AI 感兴趣的学生和从业者使用。

图书在版编目（CIP）数据

Web 智能化：AI 应用与开发指南 / 张静媛，岳双燕，樊中恺著. —北京：电子工业出版社，2023.8
ISBN 978-7-121-46060-9

Ⅰ. ①W… Ⅱ. ①张… ②岳… ③樊… Ⅲ. ①人工智能－应用 Ⅳ. ①TP18
中国国家版本馆 CIP 数据核字（2023）第 142014 号

责任编辑：宋亚东
印　　刷：天津千鹤文化传播有限公司
装　　订：天津千鹤文化传播有限公司
出版发行：电子工业出版社
　　　　　北京市海淀区万寿路 173 信箱　　邮编：100036
开　　本：880×1230　　1/32　　印张：8.5　字数：270 千字　　彩插：1
版　　次：2023 年 8 月第 1 版
印　　次：2023 年 8 月第 1 次印刷
定　　价：100.00 元

凡所购买电子工业出版社图书有缺损问题，请向购买书店调换。若书店售缺，请与本社发行部联系，联系及邮购电话：(010) 88254888，88258888。
质量投诉请发邮件至 zlts@phei.com.cn，盗版侵权举报请发邮件至 dbqq@phei.com.cn。
本书咨询联系方式：syd@phei.com.cn。

推荐序 1

很多年前，当我们进行客户端开发时——无论是 PC 客户端还是移动客户端，我们要解决的问题绝大多数都是工程问题。面对一些需要技术攻坚才能处理的难题，如性能优化、信息提取加工、动画特效等，工程师通常会使用各种第三方库和算法，或者自研满足业务场景需求的解决方案。但是，无论哪种客户端，工程师都希望能够清晰明了地掌握其中的细节，因为客户端方面的技术脉络相通，除了知其然，还要知其所以然。

时过境迁，在客户端的开发过程中，我们有时并不需要深入了解其背后的开发过程。这并不是因为工程师的懈怠，而是因为一种新的技术出现——端 AI。

当面临处理一个模式特别复杂的问题时，当我们遇到无法穷举的场景时，当我们面对的问题输入/输出错综复杂时，传统的技术手段往往显得捉襟见肘。正确的思路是尝试与公司内负责 AI 的团队进行深入探讨，看看他们是否有解决方案。但通常情况下，你需要的是一把"枪"，但他们给你的可能是一门"迫击炮"。特别是当以 GPT 为代表的大语言模型横空出世后，AI 几乎可以端到端地解决开发者的各种问题。

你是如此兴奋，因为利用 AI 解决问题的效果是如此出色，它不仅帮助你解决了业务问题，还带来了意外收获，包括但不限于低网络延迟、减少对服务端的依赖和极致的用户体验。此外，基于大语言模型的开发工作也变得事半功倍。

作为客户端研发部门的负责人，我亲眼见证了端 AI 和客户端开发的融合过程，也目睹了 Paddle Lite 和 Paddle.js 等端侧推理框架是如何助力业务成长的，当然也包括 ChatGPT、文心一言等大语言模型为团队开发模式带来的巨大变化。

回顾历史，当下端 AI 的需求升级正朝着以下方向发展。

更好的性能：端 AI 的本质是对传统模型进行移动化改造。随着需求升级，开发者对模型的要求是，既要小，又要快。如此一来，如何优化模型结构，让复杂的模型能够在客户端离线运行，成了开发者共同关注的话题。

平台化、基础化：端 AI 的能力以基础 SDK 的方式集成在 App 内部，涉及的业务领域包括视觉、语音和智能推荐等。要想让开发者能够"想当然"地把端 AI 作为"常规武器库"来使用，还需要建立良好的平台化和基础化。

动态化：无论是端 AI 还是服务端的 AI，都依赖大量的样本和特征来提升预测效果。如何在端内构建实时、全面的特征工程方案，并通过这些方案动态地影响产品效果和用户体验，是一个新的课题。

全链路：理想的解决方案是端到端的，即从离线的模型训练到端侧模型预测的持续集成和持续部署，只有这样，AI 开发才能与客户端开发的快速迭代节奏相适应。

以上四个方向是层层递进的，面对的挑战也是巨大的。开发者已经习惯了云端、架构侧的 AI 生态，幸运的是，为了打破这一局面，负责研发的前端工程师撰写了本书，而我也提了以下三点要求。

（1）不要"掉书袋"，要弄明白原理，更重要的是要知道如何用。

（2）场景化，针对一些常见场景，给出解决方案。

（3）实现二次开发，需要读者了解如何将自由模型部署成 Web AI。

目前看来，对于这三点要求，本书的作者都做到了，并且额外介绍了大语言模型给前端开发带来了怎样的变化。希望这本书能成为各位读者在 Web 端实践 AI 能力的指导手册，并且由此激发大家对端 AI 的热情，一起构建更加繁荣的 Web AI 生态圈，让所有客户端和前端开发者都能享受到新技术带来的红利。

王磊

百度 App 移动研发部总监

推荐序 2

了解我的人都知道，我的职业生涯是从一名前端工程师开始的。

我曾醉心于前端的"奇技淫巧"，也曾与志同道合的朋友们一起为前端工程化时代的到来做出了努力。

回顾前端的发展史，我会将其分成三个阶段：原型和 Ajax 发挥"神力"的时代、jQuery 独领风骚的时代和三大框架格局形成的时代。

然而，如果从信息和算法的角度来看，前端的历史也可以划分为以下三个阶段。

第一个阶段的关键词是闭包、模块和动画。在这个阶段，前端开发者们追求业务逻辑的分治和前卫的动画效果，各种编辑器、树状图、动画库应运而生。借助异步能力的提升和浏览器的发展，Web 端逐渐成为开发的主流。

第二个阶段的关键词是数据流、开发模式和技术框架。在第一个阶段的基础上，第二个阶段开始应对更加复杂的业务场景，需要处理和同步大量的数据。响应式编程、单向数据流、状态管理和不可变数据等技术应运而生，它们的核心目标是简化业务逻辑的方式。而前端组件化的发展也催生出了一批技术框架，使开发者能够更加专注于业务开发，把底层复杂的处理交给选择的框架。

第三个阶段的关键词是端智能和智能化。如果说第一个阶段到第二个阶段是研发模式的更新，那么第二个阶段到第三个阶段则是开发范式的变革。

端智能充分调动了客户端的算力，特别是在浏览器中，我们能够做更多的事情。从最初的 tfjs 和 Paddle.js 等前端 AI 框架的出现，到如今 WebNN、WebXR 等标准的建立和发展，我们看到了利用浏览器进行 AI 和 AR 开发的诸多可能性。

智能化也为我一直关注的前端工程化插上了 AI 的翅膀。从最初的 D2C（Design to Code）到更为激进的 NL2Code（自然语言到代码生成），前端领域正在与 AI 深度融合，从而提升开发效率和开发体验。

在前端智能化的今天，不仅是大型公司，创业团队也能享受 Web AI 带来的红利。以前，当我们想要在客户端或浏览器中开发 OCR、图形图像处理等涉及 AI 能力的功能时，通常需要自己部署一套在线服务，或者从第三方 AI API 市场中寻找满足需求的按次或按时付费的服务，这在人力和成本上都是一笔不小的开销。然而，借助 Web AI，我们可以轻量级地实现所需的功能。当然，从效果上看，Web AI 仍然有待改进，但只要我们做好效果评估，充分平衡技术和用户体验，仍然能满足绝大多数业务场景的需求。

"纸上得来终觉浅，绝知此事要躬行。"好在你已经翻开了这本书。

本书着重介绍了如何在 Web 环境中提供 AI 推理能力，枚举了许多案例来讲解如何通过 Paddle.js 完成与 AI 相关的业务开发。本书后面的章节还介绍了算子开发和前端计算方案的相关知识，使读者能够了解 Web AI 的实现原理及如何集成现有模型，这部分内容对读者来说非常值得深入了解。

此外，本书还介绍了与 Web AI 应用安全相关的内容，其采用的技术手段不仅在模型执行加密领域提供了开创性的方案，在前端其他涉及业务逻辑加密的场景下也提供了指导性的建议。

当 Web 丰富的能力和 AI 的想象力充分结合时，会产生有趣的应用。本书只是尝试把读者"领进门"。如果你是一位前端工程师，也曾怀疑 AI 是否真的"深不可测"，那么本书一定会让你由衷发出一声"原来如此"的感叹。

还等什么？快来阅读吧！

张云龙

上海巧子科技有限公司创始人

上海皓鹿科技有限公司创始人

前端工程化先驱

推荐序 3

接触 Paddle.js 是在 2020 年 GMTC 全球大前端技术大会（北京站）上，当时我听了百度工程师针对前端推理引擎的分享，受益匪浅。后来，在 2021 年年底的 GMTC 深圳站，我参与了前端智能化专场的分享，对 Paddle.js 的了解更深入了一些。

作为前端技术团队的管理者，我鼓励团队成员接触新的技术，将其运用在具体的业务研发中，并且关注如何在团队内部进行推广。

秘诀无非三点：优秀的封装、极易上手的开发体验和完备的功能。

对于前端 AI 的应用落地，尤其如此。

首先是优秀的封装。前端 AI 落地的难点在于业务接入，传统的 Web 开发工程师会认为涉足这一领域需要专业的机器学习和深度学习知识，在利用神经网络进行预测推理时，数据的前后处理和性能调优往往最耗人力。如果前端推理引擎本身能暴露面向业务的 SDK，并且从模型引入推理运算能提供丰富的工具，那么对业务开发人员来说，必然事半功倍。

其次是极易上手的开发体验。有了完备的 SDK，还需要具备基于 SDK 二次开发的可能性。除了能够对推理流程进行扩展，还需要能够引入新的模型。好的参照库和可供工程师进行模型精度调整、量化的工具同样是必需的。

最后是完备的功能。对于图像、视频、文字要有通用的解决方案，可以针对浏览器、小程序、服务端等场景提供支持，并且覆盖尽可能多的计算方案。

在阅读本书时，我再次审视了前端 AI 开发的现状。Paddle.js 虽然在模型和业务场景的覆盖方面还有很长的路要走，但一直在努力尝试直接对接业务开发场景，并提供低代码的接入方案和较为完备的工具链。

Paddle.js 作为国产深度学习框架 PaddlePaddle 在前端部署方面较为成熟的解决方案，值得我们深入研究和学习。同时，希望前端 AI 的初学者能以本书为阶梯，跨越通往 Web 与 AI 融合的时代之门。

井铎铎

58 同城、转转大前端研发总监

前　言
Preface

如何将机器学习与具体业务集成，是从业者正在探索的热门方向。评估一种模型和算法价值高低的重要标准之一是其是否有具体的应用场景。因此，在整个人工智能（AI）产业链中，有大量的开发者致力于将 AI 和业务场景进行深入结合，他们可能与算法工程师和策略工程师一起合作，为第三方提供 AI 服务，也可能只是因为传统的基于有限策略的开发方式无法解决所有问题而诉诸与 AI 相关的解决方案。但不管研发人员的动机如何，AI 已经从潜藏在云端的触不可及的神秘武器，变成了直达客户端且可与用户直接交互的具有丰富功能和体验的利器。

Web 里的 AI

Web 和 AI，就在几年前，二者的结合会被人当成尝鲜的玩具，而现在，它们却实实在在地影响着用户体验和产品功能。

对于端侧工程师，AI 浪潮的来临适逢其会。不妨来总结互联网的发展历程：按照信息交互和人机交互划分，互联网走过了 Web 1.0、Web 2.0 和 Web 3.0，数据和用户信息真正做到了互联互通；按照内容划分，互联网经历了文本时代、图文时代和点播时代，一直到现在的直播时代……这一切都说明了端侧工程师作为直接与用户打交道的人，其运用复杂技术的舞台在无限拓宽。

在 Web 端集成 AI 的能力，是无数前端工程师的愿望或所面临的技术挑战。与传统的 Web 开发者不同，前端工程师的角色从单纯的"需求实现方"，变成了拥有"需求提出方+需求实现方"双重身份的开发者，成了衔接业务场景和 AI 能力的枢纽。其中，对于 AI 功能的需求，包括但不限于丰富的模型底座、优秀的执行效率、通用的环境支持及流畅的研发体验。

应用趋势

目前，随着终端算力的日趋增强，开发者对其也是应用尽用。此外，由于信息孤岛的存在，为了保护用户隐私数据，谷歌公司也提出了基于个人终端设备的"联邦学习"框架，让 AI 系统能够更加高效、准确地共同使用各自的数据。而各大手机厂商和应用提供商也在积极地探索端侧智能的解决方案。例如，商业运营、互动游戏、内容推荐和智能信息推送等。比起传统的基于云端的 AI 方案，端侧智能在实时性上有非常显著的优势，这里总结了以下几个相关的应用方向。

● **互动游戏**：这也许是大家能最直接感知到 AI 的应用场景，特别是在抖音、快手等短视频分享平台，通过对摄像头捕捉的实时视频流进行加工，提供丰富的渲染效果和用户交互的实时响应。

● **增强现实应用**：通过 AI 提取关键信息，同增强现实技术结合达到虚实结合的交互效果，如视频会议的背景替换、文字公式识别、虚拟试妆，分别利用人像分割模型、OCR 模型和人脸关键点检测，实现对视频流的局部或全局修改，以带来更为沉浸式的交互体验。

● **多模态交互**：事实上，无论是互动游戏还是增强现实应用，都涉及多模态交互。多模态交互指的是通过声音、摄像头、图文视频信息载体等通道与计算机进行交流，充分模拟人与人之间的交互方式。多模态交互经常被提及的应用场景包括语音和视觉搜索、智能硬件和智能驾驶等。

- **信息优化**：信息优化方向包含很多落地场景，如 Feed 流重排，即将服务端下放的推荐内容列表在端侧基于用户的行为意图进行重新排序，以实现更好的信息分发效果；再如通过对用户行为和状态的跟踪，非定时地向用户推送消息，或者屏蔽可能的作弊行为。

当然，随着技术的不断发展、虚拟现实眼镜等新交互终端的普及，端侧工程师在AI场景应用中所能支持的功能绝不限于上述几个方向。特别是前端工程师，当浏览器和原生 App 的边界越来越模糊时，当跨端融合技术（React Native、Flutter）越来越普及时，当 Node.js 等技术让前端的触手伸向传统服务端开发领域时，前端工程师可以驾驭的技术栈将越来越丰富，从而能打造出更多同 AI 结合的产品功能。对标模型训练侧 TensorFlow、PyTorch 和 PaddlePaddle 等成熟的框架，从 2014 年 ConvNetJS 诞生到现在，前端开发领域涌现出了一批可以在浏览器端运行神经网络、执行分类和识别等任务的前端机器学习、深度学习框架。

本书主要介绍的 Paddle.js 就是其中一员。

前端推理引擎

Paddle.js 作为一款前端推理引擎，与其他同类框架一样，不但要支持前端工程师能够基于已有模型在业务中快速集成，还要满足二次开发要求——引入新的模型、添加新的算子、支持动态的模型加密。这背后涉及的技术栈和开发流程烦冗复杂：该如何接入媒体流？如何下载模型文件？如何生成神经网络？如何执行后处理任务……这些零散的问题可能成为前端工程师接入 AI 能力的阻碍，需要给出最佳实践和自动化的解决方案。

尽管未来无限光明，但是受限于浏览器环境，前端工程师要想充分应用终端算力，还需要使用 WebGL、WebGPU 及 WebAssembly 等技术提升前端的推理效率。那么，如何对这些底层 API 进行封装，并且提供模型级别的应用接口，则是前端推理引擎需要解决的首要问题。本书将以 Paddle.js 为例，展现如何通过前端推理引擎充分调用浏览器的开放能力来实现 AI 的应用开发。另外，本书还会介绍如何引入新模型来扩充应用场景。

对于一门新技术，作者的观念一直都是先触达再深究。即便之前对这个领域只是一知半解，但是当通过本书丰富的案例了解 AI 可以给前端工程师带来怎样的体验提升之后，说不定你会燃起在这条赛道上持续奔跑的热情。

在这种背景下，我们撰写了本书。

写作目的

通过本书，我们希望达到以下四个目的。

第一，让前端工程师能够开箱即用前端推理引擎（Paddle.js）进行业务开发。

第二，让希望将自己的智力产出贡献到具体 Web 业务场景中的算法工程师，了解前端如何集成并使用 AI 能力。

第三，让前端工程师能够基于已有的推理引擎进行二次开发，引入新的模型，开发新的算子。

第四，让想要深入了解前端推理引擎的开发人员，了解计算方案、性能优化及与模型加密相关的高阶知识，并学以致用。

这四个目的代表了本书的定位：这不是一本市面上你所能经常遇到的将重心放在原理介绍和模型训练方向的深度学习和机器学习图书，而是一本以具体实践为主、以解决实战问题为目的的 AI 应用图书。

因此，阅读本书最好的方式是配合 Paddle.js 源码（在 GitHub 中搜索 "paddlepaddle/paddle.js"）进行学习。

在 Paddle.js 源码中,我们针对若干模型进行了高阶封装,提供了低代码的模型接入方式,读者可以通过访问源码内的"/packages/paddlejs-models"和"/packages/paddlejs-examples"目录,了解不同模型的集成方案,以及如何同具体的宿主环境相结合。未来,我们也会不断扩展用例库来引入更多的模型,同时欢迎工程师根据本书的内容添加新的模型并贡献新的模型用例。

值得注意的是,在本书付梓之前,ChatGPT、文心一言等大语言模型正如火如荼地革新着软件研发领域,我们在本书的最后介绍了如何借助 GPT 这一利器提升研发效率,希望能带给读者启发。

致谢

本书的出版需要感谢百度内部参与移动 AI 建设的各位研发工程师,感谢 PaddlePaddle 提供的丰富的模型库和基础能力,感谢移动 AI 方向的研发负责人吴萍前瞻性的技术规划(包括 Paddle.js),感谢为本书写作提供宝贵意见的工程师们(排名不分先后):褚芦涛、邓宇光、高文灵、王超和谢柏渊。大家的共同努力促成了本书的诞生,也催生了一个新的前端推理引擎解决方案。同时,感谢电子工业出版社的宋亚东编辑,本书的撰写都是通过我们高效的在线协同完成的,编辑对于技术细节和遣词造句的要求,也体现出了他的专业严谨和知识素养。

最后,希望读者能通过提 Issue 或参与 Discussion 的方式贡献宝贵的意见。

话不多说,让我们马上开启 Web AI 之旅吧!

张静媛　岳双燕　樊中恺 @ 百度

读者服务

微信扫码回复：46060

- 获取本书配套 Paddle.js 源码，也可以在 GitHub 中搜索 "paddlepaddle/paddle.js" 获取。
- 加入本书读者交流群，与本书作者互动。
- 获取【百场业界大咖直播合集】(持续更新)，仅需 1 元。

目　录
Contents

第1部分　前端与AI

　　本书的前4章将重点介绍前端推理引擎的工作原理和使用案例。

　　首先，第1章和第2章将简单讲解 Web AI 和深度学习的基础知识。然后，第3章会介绍 AI 全链路，以及 Paddle.js 在其中发挥的作用和具体的运行机制。最后，第4章会以模型应用为切入点，展示在不同场景下如何通过 Paddle.js 实现相关功能。

第 1 章
Web AI

回顾一个你可能天天都会遇到的场景：打开某个短视频应用，看到有主播带货卖东西或与观众进行趣味互动。就此给你提一个问题：在直播场景中，有哪些环节可能会运用到前言中所述的端 AI 技术呢？

最能直接想到的一定是主播的美颜特效，无论是磨皮美白还是妆容优化，都大大提升了主播的"颜值"。但事实上，端 AI 在直播场景的应用不仅限于此。例如，在主播端推流之前，音视频可能经过了智能处理——视频的 ROI 区域检测和美颜效果，以及针对声音的降噪处理和各种音效生成。而在主播端推送视频和用户端接收视频的过程中，端 AI 能够针对带宽进行智能预测和动态码率调整。除此之外，针对用户的行为，端 AI 可以动态地调整已经推送到用户端的推荐信息，甚至做到实时智能刷新，还可以通过图像超分辨率技术提升用户的观看体验，如图 1-1 所示。

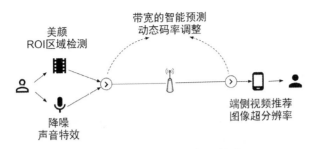

美颜
ROI区域检测

带宽的智能预测
动态码率调整

降噪
声音特效

端侧视频推荐
图像超分辨率

图 1-1　与直播相关的端 AI 技术

从直播场景可以看出，端 AI 技术除了可以提升用户体验，还可以降低网络带宽成本，起到"四两拨千斤"的作用。当然，最重要的一点是，端 AI 技术满足的是个性化的需求，可以通过动态地规划和改变策略，来满足个体的需要，应对个体所处环境的变化。

端 AI 技术始于移动互联网时代，它的阵地有两个：App 和浏览器。但是随着技术的发展，除了伴随浏览器技术的升级而不断强大的 WebView，像 Hybrid 和 React Native 等跨端融合技术的出现，渐渐地让 App 和浏览器的边界越发模糊。再加上小程序等轻量级 Web 应用的兴起，也让以 JavaScript 为基础的 Web AI 焕发出蓬勃的生机。

本章将简单介绍 Web AI 的特点及其发展历程。

1.1　Web AI 的特点

Web AI 开发的流程大体包括数据收集与处理、模型选取、模型训练、效果评估和模型部署（在本书第 3 章会详细介绍）。在传统的流程中，模型部署在后端的高性能服务器上，用户端先通过网络将数据传递给服务器，服务器执行推理操作，再通过网络返回给用户端。对于这个流程，读者可以很容易发现其中的缺点。

- **延时高**。即便服务端的算力非常强，但是由于网络请求的延时，以及不确定的用户接入时的网络状况，因此对于高实时性和高帧率的应用，这种基于云端部署的解决方案无法满足用户需求，特别是在游戏、AR 应用等场景中。
- **隐私问题**。用户需要把数据上传到服务端，当受到中间人攻击或服务端出现安全问题时，数据中的隐私信息就有可能被攻击人收集。
- **灵活性差**。因为关键数据通过网络传递，所以需要依赖数据的序列化和反序列化，且因为前后端分离，业务升级导致推理接口的输入和输出变化也很难得到及时响应。
- **成本高**。对于推理服务高频调用的场景，服务端的模型部署意味着占用更多的带宽资源和耗费更多的服务器计算资源。

而 Web 侧的推理预测方案依赖的是训练后的模型文件，通过调用转化为适合浏览器端且调优过的模型，用户端可以自行完成整个推理流程，传统的网络调用变成了用户端的本地调用，数据传输效率和响应速度都有很大的提升。

但我们要清楚地认识到：Web AI 和端 AI 并不矛盾。事实上，在很多依然需要大量计算的场景中，Web AI 经常起到打头阵和补充优化的作用。例如，收集人脸关键点信息并发送给云端以减少传输数据量，或者对服务端返回的 Feed 流根据用户行为进行重排。总之，应用 Web AI 只有做到扬长避短，才能在全局范围内发挥 AI 的潜力。

1.2　Web AI 的发展历程

深度学习所依赖的神经网络技术的发展历程比起 Web AI 的发展历程长得多。从 1943 年《神经活动中内在思想的逻辑演算》（A Logical Calculus of the Ideas Immanent in Nervous Activity）提出神经元的 M-P 模型，到 1958 年代号 Mark I 的感知机（Perceptron）研制成功，再到现在，神经网络虽然中间经历了两次低潮期，但在 2010 年之后，在 GPU 上实现了突破。特别是自 2012 年以来，卷积神经网络的流行，让支持向量机等其他机器学习技术黯然失色。在解决感知问题方面，深度学习已经成为首选方法，其中的原因除了性能上的革命性提升，还包括特征工程的自动化，节省了大量的人力，并让整个流水线更加体系化。

鉴于本书的重点是前端推理，所以第一个观察点落在 2014 年。如图 1-2 所示，在 2014 年，ConvNetJS 横空出世，使得深度学习模型的训练可以完全在浏览器中执行。"No software requirements, no compilers, no installations, no GPUs, no sweat." 这在当时看来简直不可思议。一直以来，人们对浏览器的认知都是"交互终端"，当深度学习训练这一明显归属于传统离线服务的能力运用在浏览器中时，很多人都看到 Web 端在 AI 新纪元中蕴藏的巨大潜力。

紧接着，一大批服务于神经网络的前端库涌现出来，如 Brain.js、Synaptic、Neataptic、WebDNN、Keras.js 等。其中，WebDNN 专精于前端推理，并没有涉及模型训练，该框架对 DNN 模型进行了深入优化，并且支持 WebGL、WebGPU 和 WebAssembly 等计算方案。事实上，比起对算力依赖严重的模型训练流程，在浏览器端部署轻量模型并执行推理产出预测结果，一直是前端深度学习框架的主要任务。但是，随着用户终端的计算能力提升和 Node.js 的蓬勃发展，前端技术对 AI 链路的"入侵"也更为深入。例如，在模型可视化领域，佐治亚理工学院的 Zijie Wang 开发的 CNN Explainer，让人在浏览器中直观地感受到了卷积运算的流程，包括 ReLU、池化层的工作原理，如图 1-3 所示。

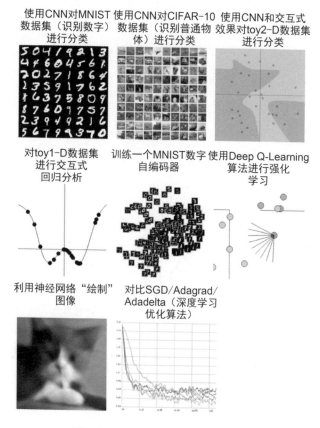

图 1-2　ConvNetJS 官网的示例集

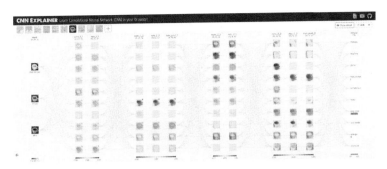

图 1-3　在浏览器中"感受"CNN 如何辨识物体

在 Web AI 的浪潮中，绕不开的关键点是 TensorFlow.js（tfjs）。TensorFlow 是谷歌深度学习团队在 2015 年开源的深度学习框架，其中，Tensor（张量）即多维矩阵，作为数据的承载方式，它会在神经网络中流动（Flow）。采用这种寓理于名的命名方式的还有 PyTorch、PaddlePaddle 等，即流动—火炬—飞桨，各种深度学习框架都在传达自己擅长的方向。2017 年，TensorFlow.js 的前身 deeplearn.js 发布，基于 WebGL 计算方案，可以在浏览器端运行神经网络。2018 年，TensorFlow.js 在谷歌 I/O 开发者峰会亮相，随后吸引了越来越多人的关注。当然，TensorFlow.js 框架在设计层面也对标了谷歌已有的"TensorFlow+Keras"方案，除支持前端推理外，还封装了用于模型训练的高阶 API。

时至今日，Web AI 的技术还在不断跃进，包括计算方案的迭代和性能的持续提升。推动这一切的，除了端侧推理需求的爆发，还有宿主环境的技术升级和 Web API 能力的丰富。本书接下来要介绍的 Paddle.js 就是一种充分利用浏览器等 Web 端能力支持 AI 应用开发的前端深度学习推理框架。

1.3　总结

本章介绍了 Web AI 的特点及其发展历程，总结如下。

- 端 AI 的出现是为了通过 AI 技术满足用户个性化的需求并优化资源，Web AI 作为端 AI 的代表性场景，在 AI 应用领域发挥着越来越大的作用。

- Web AI 具有延时低、隐私安全、灵活性好和成本低的特点，但在具体应用中，需要结合 Web AI 和云端 AI 各自的优势。

- 比起深度学习所依赖的神经网络技术的悠久历史，虽然 Web AI 诞生至今不足十年，但涌现出了许多前端机器学习和深度学习框架，Paddle.js 就是其中一员。

第2章
神经网络和前端推理引擎

相信你已经或多或少地接触过"神经网络"这一概念,这里给出一个神经网络的简单图例,如图 2-1 所示。

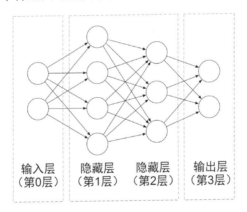

图 2-1　神经网络的简单图例

最左边和最右边的部分分别为**输入层**和**输出层**,中间的部分为**隐藏层**。从箭头的方向可以看出,神经网络中的信号是从输入层向输出层传递的,其间流过了隐藏层。

图 2-1 中的神经网络一共有 3 层,输入层为第 0 层,输出

层为第 3 层。在描述神经网络的层数时，一般会在看到的总层数上减去 1，因此图 2-1 中的神经网络是一个 3 层的神经网络，因为流经其中的信号只在其中的 3 层进行了处理。那么信号是如何被处理的呢？

还记得第 1 章曾提过，神经网络的技术发展从二十世纪四五十年代就已经开始了，其雏形是一种叫作感知机的算法。理解感知机对了解神经网络及其信号处理的方式至关重要。接下来，要了解的是感知机及其与神经网络的关系。

2.1　感知机

顾名思义，感知是一种生物行为。对于外界的刺激，神经细胞可以被视为一种反馈两种状态的机器。当接收的刺激（信号量）大于某一阈值时，神经细胞的细胞体才会产生电脉冲。因为结果是产生电脉冲或不产生电脉冲，所以感知机是一种二元线性分类模型。图 2-2 所示为感知机的工作机制。

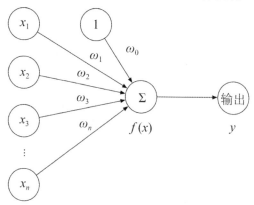

图 2-2　感知机的工作机制

> 提示：神经细胞呈三角形或多边形，可以分为树突、轴突和胞体三个区域。一个神经元通常有一个至多个树突，多呈树状分支，它可接受刺激并将冲动传向胞体；但轴突只有一条，呈细索状，末端常有分支，称轴突终末，轴突将冲动从胞体传向终末。神经元的胞体越大，其轴突越长。

拆分来看，感知机可以拆分为以下几个部分。

- **输入**。对于一个神经细胞，树突接收到的信号来源有很多，感知机也一样，输入是一组信号，这里用 $x_1 \sim x_n$ 表示。

- **权重**。权重是需要训练计算出来的值，初始时可能随机分配，当训练完毕后，权重可以最终确定，同样是一组值，用 $\omega_1 \sim \omega_n$ 表示。

- **偏置**。偏置是与输入无关的影响最终输出的常量，注意到图 2-2 最上方有一个固定值 1，它与 ω_0 相乘得到的 ω_0，即偏置。

- **加权求和**。在神经细胞的细胞核中，会对输入信号进行处理。在感知机中，可以把权重和输入对位相乘并求和，当然也包含偏置：

$$f(x) = \sum_1^n \omega_i x_i + \omega_0$$

- **输出**。将最终的信号输出，对于神经细胞，完成信号输出的是轴突，它连接其他神经细胞的树突。感知机之所以是一种二元线性分类模型，是因为最后的输出结果只有两种。可以设置当加权求和的结果小于或等于 0 时，最终输出为 0；反之，输出为 1。即

$$y = \begin{cases} 0 & \left(\sum_1^n \omega_i x_i + \omega_0 \leqslant 0\right) \\ 1 & \left(\sum_1^n \omega_i x_i + \omega_0 > 0\right) \end{cases}$$

由于只有一层，因此这种感知机也被称为单层感知机。感知机究竟能发挥什么作用呢？其实上文也提到了——分类。

因为输入的信号有多个，所以感知机的作用是在 n 维空间中创建一个超平面，从而对数据进行分类，如图 2-3 所示。

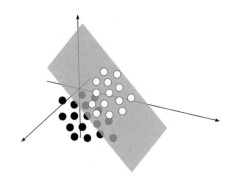

图 2-3　在 n 维空间中创建一个超平面

2.2　从感知机到神经网络

在感知机模型中，对于加权求和的结果，感知机进行了二元线性分类处理，对上文中的规则进行简化，即如下的函数：

$$h(x) = \begin{cases} 0 & (x \leqslant 0) \\ 1 & (x > 0) \end{cases}$$

这样的函数叫作**激活函数**。在单层感知机中，激活函数是对加权求和后的结果进行"激活"处理，从而产生 0 和 1 两种结果，可以重新绘制图 2-2，如图 2-4 所示。

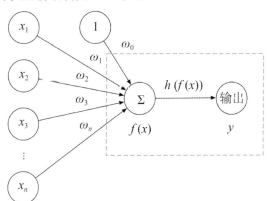

图 2-4　显示了激活函数的感知机模型

可以看到，激活函数是对加权求和的二次处理，最终的结果为 $y = h(f(x))$。在单层感知机中，激活函数是阶跃函数，即一旦超过阈值，输出值就会发生改变。

> 提示：在数学中，如果实数域上的某个函数可以用半开区间上的指示函数的有限次线性组合表示，那么这个函数就是阶跃函数。阶跃函数是有限段分段常数函数的组合。

在提及感知机时，一般都是指单层感知机，而对于**多层感知机（Multilayer Perceptron，MLP）**来说，激活函数的种类就会丰富很多，下面以最常用的 Sigmoid 函数为例：

$$h(x) = \frac{1}{1+\mathrm{e}^{-x}}$$

绘制 Sigmoid 函数图像，如图 2-5 所示。

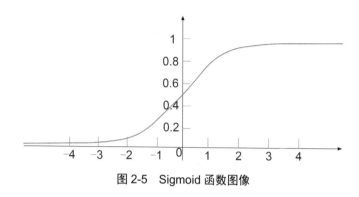

图 2-5 Sigmoid 函数图像

从图 2-5 可以看出，与之前单层感知机的阶跃函数相比，Sigmoid 函数的图像是一条平滑的曲线，也就是说，Sigmoid 函数可以输出的值是无穷多的。这里要强调的是，无论是阶跃函数还是 Sigmoid 函数，都是**非线性**的。这在多层神经网络中至关重要，激活函数的非线性可以防止神经网络坍缩成单层神经网络，因为当神经网络有 1 个或多个隐藏层时，都可以通过线性函数的组合来合并所有的层。因此，在神经网络中，除了输出层，都可以只使用非线性的激活函数。

除了 Sigmoid 函数，还有 ReLU、tanh 等激活函数，其中也包括用于输出归一化分类处理的 Softmax 函数。鉴于本书的特点，对于激活函数的讲解不过多展开。对于前端推理引擎来说，激活函数是一种特殊的算子，是为了给神经网络引入非线性，关于这一点，后续章节会有详细说明。

> 提示：算子（Operator）是神经网络计算的基本单元。

回到本章一开始给出的神经网络简单图例，虽然看起来比单层感知机复杂很多，但是每一层的计算方法都是一致的，如图 2-6 所示。

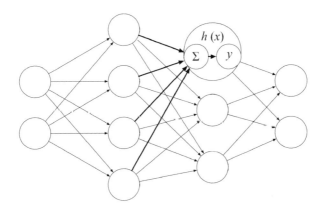

图 2-6　神经网络中的信号传递

2.3　前端推理引擎

　　在其他的深度学习的入门图书中，接下来会对神经网络进行详细的介绍，包括神经网络的学习算法和误差的反向传播等。而本书对神经网络的介绍止于此，目的是给读者建立神经网络的概念，如图 2-7 所示。

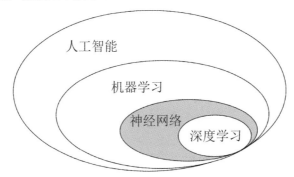

图 2-7　人工智能、机器学习、神经网络和深度学习四者的关系

　　从图 2-7 可以看到，神经网络是处于机器学习和深度学习

之间的关键环节，传统的机器学习包含决策树等非神经网络算法，而深度学习之所以带有"深度"二字，也是因为其依赖具有大量中间层的神经网络。对于前端推理引擎来说，其最核心的功能就是在浏览器等 Web 环境中通过模型文件还原神经网络，继而执行推理预测。

前端推理引擎能够运行，前提是通过 GPU 加速获得足够的计算能力，这一点也是神经网络技术能够在沉浮多年后再次爆发的重要原因。2.2 节提及的感知机模型在扩张为多层神经网络之后，需要大量的矩阵与向量的乘法、加法运算，涉及上万甚至上百万的浮点运算，除非将这些运算并行化，否则依赖串行计算，其时间成本是无法估量的。

这里以一个简单的矩阵加法为例：

$$\begin{bmatrix} 1 & 2 \\ 3 & 4 \end{bmatrix} + \begin{bmatrix} 5 & 6 \\ 7 & 8 \end{bmatrix} = \begin{bmatrix} 6 & 8 \\ 10 & 12 \end{bmatrix}$$

最终的运算结果是两个矩阵的对位相加，如图 2-8 所示。

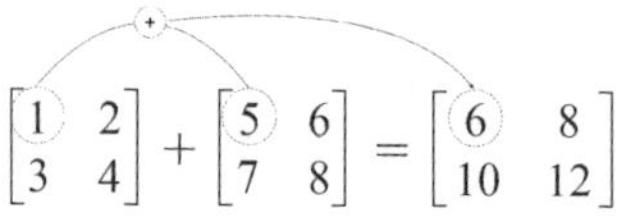

图 2-8　对位相加

从图 2-8 可以看出，对应索引位置的求和之间互相并不依赖，在硬件并行计算的加持下，速度会有大幅提升。

在前端领域，目前有三种方法可以计算加速。

- WebGL。通过对 GPU 并行计算能力的利用，可实现神经网络的加速推理。
- WebAssembly。这是一种现代浏览器支持的新的编码格式，有接近原生的执行性能，并且可以和 C、C++等语言打通编译链条，在安全性方面比纯 JavaScript 方案更胜一筹。

- WebGPU。WebGPU 是最新的 Web 3D 图形 API，在 2017 年由苹果公司等提议成立的 W3C 社区小组提出，作为下一代 Web 图形的 API 标准，在渲染和计算性能上比 WebGL 有大幅提升。

以上不同的技术栈在前端推理引擎中被称为计算方案，当然也包括 PlainJS 这样的纯 JavaScript 计算方案，在不同的宿主环境中，由于兼容性和性能等问题，因此会采用不同的计算方案。关于计算方案的详细介绍，在第 8 章中有详细介绍。

至此，可以通过 Paddle.js 的介绍来细化前端推理引擎的定义。

前端推理引擎，即利用 WebGL、WebGPU、WebAssembly 和 NodeGL 等计算方案，让兼容 Web 格式的模型可以运行在浏览器、小程序等 Web 前端载体中的技术框架中。

Paddle.js 是百度飞桨（PaddlePaddle）生态中的 JavaScript 深度学习库，也是一种前端推理引擎，并且通过丰富的 API 和扩展工具，可以降低前端工程师在网页中使用 AI 能力的门槛。

> 提示：Paddle Lite 是一个高性能、轻量级、灵活性强且易于扩展的深度学习推理框架，它定位于支持包括移动端、嵌入式及服务端在内的多硬件平台。

2.4 总结

本章的内容总结如下。

- 神经网络是深度学习的基础，从感知机模型演变而来。

- 前端推理引擎的核心功能是在浏览器等 Web 环境中，通过模型文件还原神经网络，继而执行推理预测。

- 前端推理引擎可利用 WebGL、WebGPU、WebAssembly 和 NodeGL 等计算方案，让兼容 Web 格式的模型可以运行在浏览器、小程序等 Web 前端载体中。

至此，经过第 1 章和第 2 章的介绍，我们讲解了 Web AI 的发展历程、神经网络的演化历程和前端推理引擎的定义，从第 3 章开始，将借助 Paddle.js 开启 Web AI 开发的奇妙之旅。

第 **3** 章
Paddle.js 初探

第 1 章和第 2 章介绍的基础知识，通常在一本与深度学习及前端入门相关的书籍中都可以找到对应的内容。本书虽然并未涉及过多或太深的内容，但已足够支撑接下来的学习内容。

从本章开始，将正式揭开前端推理引擎的面纱。本章将会以在第 1 章和第 2 章提到的 Paddle.js 为例，介绍什么是 AI 全链路、Paddle.js 在其之上的位置和作用，以及 Paddle.js 的工作原理和基本操作方法。

3.1 AI 全链路

全链路实际上是一个极为抽象的概念，它并不只存在于软件领域，在设计、物流等行业中也同样存在。

本书提及的 AI 全链路，指的是在人工智能（AI）领域，从需求到最终产品交付的全部流程，完整地涵盖了从模型产出到最终业务集成的各个环节。

之所以要把 AI 全链路的概念明确提出来，而不是故弄玄虚地引出一个名词，是因为想强调 Paddle.js 作为前端推理引擎，在 AI 生态中所处的具体位置，从而更好地使读者了解其所能解决的具体问题。

3.1.1　AI 全链路基本介绍

完整的 AI 全链路主要分为上游和下游两部分。

- 上游主要负责模型产出，涵盖数据处理、算法设计、模型训练/评估模块。
- 下游主要负责模型转化与优化，涵盖模型转化、模型部署、推理预测、业务调用/监控模块，如图 3-1 所示。

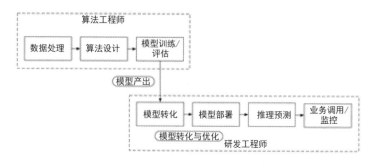

图 3-1　AI 全链路

上游的模型产出部分主要由算法工程师负责，下游的模型转化与优化部分主要由业务落地的研发工程师负责。当然，这样的分工模式只适用于一般情况，这样明显的区分是为了强调二者的工作内容有何不同。

无论是在模型产出的链路上游，还是在模型转化与优化的链路下游，除了最终的业务调用，传统的模型部署环境都维护在云端的服务器上。因为 Paddle.js 提供了可在 Web 平台上进行推理计算的运行环境，链路的下游部分（特别是在模型部署、推理预测环节）得以在浏览器等 Web 环境中运行。

所以，可以根据最终采用的技术方案，把运行环境分为服务侧（Server Side）和端侧（Client Side），Paddle.js 就是一种端侧的推理引擎。

由于部署和执行环境的不同，推理过程依赖的模型格式也不尽相同，因此需要通过模型转化模块输出对应平台所能支持的格式。推理预测模块还要根据业务平台特性选择对应的推理引擎，Paddle.js 作为一种端侧的推理引擎，目前已支持浏览器和 Node.js 两种运行时环境。

3.1.2　前端推理引擎 Paddle.js

Paddle.js 于 2021 年年初发布了 2.0 版本，从单包单仓库升级为 Monorepo（多包单仓库），其核心库如图 3-2 所示。

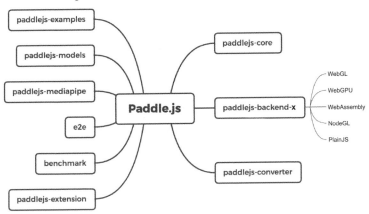

图 3-2　Paddle.js 核心库

> 提示：Monorepo 是一种代码管理方式，在这种方式下会摒弃传统的一个模块（Module）对应一个代码仓库（repository，repo）的方式，取而代之的是把所有模块放在一个代码仓库中管理。简而言之，就是用一个大的 Git 仓库管理所有代码。

目前，像 React 等开源项目都在使用类似的代码管理方式，而 Monorepo 的解决方案也层出不穷，如 Yarn Workspace 和 Lerna。

Paddle.js 采用 Lerna 进行多模块管理，包括代码维护和模块发布，这也是 2.x 版本和 1.x 版本的区别之一。感兴趣的读者可以通过 Paddle.js 源码深入了解。

图 3-2 列出了 Paddle.js 的核心模块，在下文会详细介绍，这里只需要知道 Paddle.js 是基于多模块的前端 AI 框架。

根据执行阶段和环境的不同，Paddle.js 核心库分为离线模块和在线模块。离线模块主要负责离线模型处理，在线模块主要负责神经网络计算推理。

1．离线模块

拿到上游链路产出的模型之后，需要先对模型进行处理，因为在 Web 平台中需要使用浏览器支持的模型格式。

Paddle.js 仓库中的 paddlejs-converter 模块是一个模型转换器，可以对模型进行格式转换和离线优化。优化方法主要包括算子融合、数据清理和模型量化及低精度应用。

- **算子融合**。可以将多个连续算子融合成单个等效算子，减少数据交换并简化图结构，加快推理速度。

- **数据清理**。清理无用的属性参数，减小模型体积。
- **模型量化及低精度应用**。支持将 FP32 精度模型量化为 INT8 模型和 INT16 模型，减小模型体积，加快推理速度。INT8 模型精度降低，模型体积减小为原体积的 1/4。将 FP32 精度模型权重转换为 FP16 半精度浮点数，可减小一半的模型体积。

> 提示：量化是指以低于浮点精度的比特宽度执行计算和存储张量。
>
> 浮点数精度（Float Precision，FP），FP32 即单精度，是计算机常用的一种数据类型；FP16 即半精度，是一种低精度类型。与计算中常用的单精度和双精度类型相比，FP16 更适合在精度要求不高的场景中使用，且因为占用字节数更少，采用 FP16 可以提升计算吞吐量。

2. 在线模块

paddlejs-core 是前端推理引擎的核心部分，负责计算方案的注册和整个引擎推理流程的调度。

paddlejs-backend-x 为 Paddle.js 的多个计算方案，目前支持 WebGL、WebGPU、WebAssembly（WASM）、PlainJS（纯 JavaScript 版本）及 NodeGL。

WebGL、WebGPU 和 NodeGL 属于 GPU 计算方案，将数据存储为纹理，算子通过着色器（Vertex/Fragment/Compute Shader）实现，可以利用 GPU 并行计算的特性；而 WASM 和 PlainJS 属于 CPU 计算方案。不同的计算方案由于模型依赖、兼容性和性能等的不同，各有优缺点。本书第 8 章（计算方案）

会详细介绍各种计算方案，使用者可根据具体场景选择合适的计算方案。

> 提示：WebAssembly（WASM）是一种使非 JavaScript 代码在浏览器中运行的方法。这些代码可以是 C、C++ 或 Rust 等，将它们编译之后可以部署到浏览器，并且以二进制文件的方式，在 CPU 上以接近原生的速度运行，同时可以直接在 JavaScript 中将它们当成模块使用。

Paddle.js 同时提供封装好的模型工具库 paddlejs-models，针对不同模型提供个性化的 API 封装，为前端工程师提供开箱即用的编程体验。

对于资深开发人员，Paddle.js 还提供了周边的工具库，如 e2e（端到端测试）、benchmark（评估指标）等。如果想要了解模型推理的具体性能情况，则可使用 paddlejs-benchmark 产出性能测试报告，获取模型及算子的推理耗时等数据。

3.2　模型和神经网络拓扑结构

前端推理引擎所要实现的最重要的功能就是根据模型信息还原神经网络的拓扑结构，这里隐含以下两点信息。

一是用规范的格式描述在第 2 章中所提及的网络结构和权重信息；二是需要针对前端推理引擎运行时环境，对原始模型格式进行处理。细心的读者可以发现，模型在这里拥有两种概念，一种是**原始模型**，另一种是**推理模型**。后文如无特殊说明，提及的"模型"指的都是推理模型。

本节将会对两种模型转换和推理模型结构进行说明。

3.2.1　模型结构文件与参数文件

Paddle.js 不仅支持 PaddlePaddle 模型，还支持 Caffe、TensorFlow 和 ONNX 模型，只需要通过 X2Paddle 转换成 Paddle 支持的模型即可。

TensorFlow 模型转换命令如下：

```
# convert tensorflow
pip install x2paddle
x2paddle --framework=tensorflow --model=tf_model.pb --save_dir=pd_model
```

X2Paddle 转换参数如表 3-1 所示。

表 3-1　X2Paddle 转换参数

参数	作用
framework	源模型类型（TensorFlow、Caffe、ONNX）
save_dir	指定转换后的模型保存目录路径
model	当 framework 为 TensorFlow/ONNX 模型时，该参数指定 TensorFlow 模型的 pb 文件或 ONNX 模型的路径

目前，PaddlePaddle 2.x 的模型结构和模型参数格式为.pdmodel 和.pdiparams，Web 平台并不支持这两个格式，需要经过 paddlejs-converter 转换为 model.json 和 chunk.dat。其中，model.json 为模型结构文件，用于存储模型的拓扑结构，包括模型中所有算子 Op（Operator）的运算顺序和各个 Op 的详细信息；chunk.dat 为模型参数文件，用于存储模型的权重数据。

3.2.2 神经网络拓扑结构

执行前端引擎推理的第一步是要构建神经网络的拓扑结构。网络拓扑结构被表示为由神经网络层构成的有向无环图（Directed Acyclic Graph，DAG）。在有向无环图中，顶点表示模型算子，边表示算子的运算顺序。为了还原正确的执行顺序，Paddle.js 在加载模型后，会根据模型结构信息进行拓扑排序。

1. 模型结构信息

3.2.1 节提到，model.json 是用于存储模型的拓扑结构的，下面具体分析模型结构信息的内容。

```json
{
  "chunkNum": 2,
  "ops": [
    {
      "attrs": {},
      "inputs": {
        "X": ["feed"]
      },
      "outputs": {
        "Out": ["image"]
      },
      "type": "feed"
    },
    …
    {
      "attrs":{
        "data_format": "NCHW",
        "dilations": [1, 1],
        "groups": 1,
```

```
      "paddings": [1, 1],
      "strides": [2, 2],
      …
    },
    "inputs":{
      "Filter": ["conv2d_0.w_0"],
      "Input": ["image"]
    },
    "outputs":{
      "Output": ["conv2d_68.tmp_0"]
    },
    "type": "conv2d"
  },
  {
    "attrs": {
      "op_device": "",
      …
    },
    "inputs": {
      "X": ["conv2d_68.tmp_0"]
    },
    "outputs": {
      "Out": ["relu_1.tmp_0"]
    },
    "type": "relu"
  },
  …
  {
    "attrs": {
      "data_type": 1
    },
    "inputs": {
```

```
      "X": ["save_infer_model/scale_0.tmp_1"]
    },
    "outputs": {
      "Out": ["fetch"]
    },
    "type": "fetch"
  }
],
"vars": [
  …
  {
    "name": "conv2d_0.w_0",
    "persistable": true,
    "shape": [36, 3, 3, 3]
  },
  {
    "name": "conv2d_68.tmp_0",
    "persistable": false,
    "shape": [1, 36, 80, 144]
  },
  …
  ]
}
```

可以看到，模型结构信息比较复杂，这里针对最外层的 chunkNum、vars 和 ops 分别进行说明。

chunkNum 代表参数文件个数，如果值为 2，则表示参数文件为 chunk_1.dat 和 chunk_2.dat。

vars 存储模型中的 Tensor 信息，每个 Tensor 都使用 name 提供具有唯一性的 id。若 persistable 为 true，则表示存储的 Tensor 为常量参数，参数数据存储在 chunk.dat 文件中；若 persistable 为 false，则表示存储的 Tensor 为变量参数。shape 定义数据每个维度的大小。

　　ops 存储模型中的算子信息，决定了模型的网络拓扑结构。ops 中的 Op 个数代表了网络结构的层数，Op 信息中的 attrs 描述了 Op 的输入参数。inputs 表示输入张量，维度为[N, C, H, W]的 4 维张量。对应的格式为 NCHW，其中 N 是 batch 的大小，C 是通道数，H 是特征的高度，W 是特征的宽度，数据类型为Float32 或 Float16。网络输入层 Op 为 feed，输出层为 fetch，根据 Op 的 inputs 和 outputs 信息可以找到当前 Op 的前后关联 Op，进而生成网络拓扑图结构。

2．模型结构可视化

　　可以使用 Netron 或 EasyAI Workbench 实现模型结构可视化，方便分析模型，如图 3-3 所示。

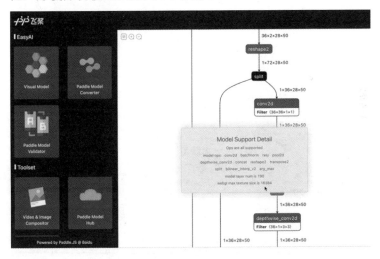

图 3-3　通过 EasyAI Workbench 可视化模型结构

（1）Netron 安装及使用。

对于 Windows 系统，可通过访问 Netron 项目的 GitHub 仓库，在已发布的版本中下载.exe 文件，或者在终端执行 winget install netron 命令。

对于 macOS 系统，可通过访问 Netron 项目的 GitHub 仓库，在已发布的版本中下载.dmg 文件，或者在终端执行 brew install netron 命令。

下载完文件后，打开 Netron 应用程序，将原始模型文件拖曳到 Netron 界面，即可查看模型结构。

（2）工具。

EasyAI Workbench 是一个 AI 工作台，如图 3-4 所示，里面内置了模型查看器、模型转换器、模型精度对齐等工具，其中通过定制化修改 Netron 实现 Paddle.js 和 Paddle Lite 模型可视化。可以在 Paddle.js GitHub 仓库下载此工具。

图 3-4　EasyAI Workbench

3.3　推理过程与运行环境

下面介绍模型推理过程和模型所依赖的运行环境。

从用户数据到推理结果，Paddle.js 的执行过程如图 3-5 所示。

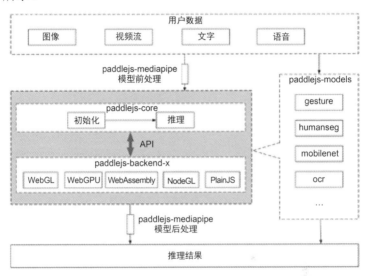

图 3-5　Paddle.js 的执行过程

注意图 3-5 中的灰色背景部分，Paddle.js 通过 paddlejs-core 模块封装推理过程，并通过 paddlejs-backend-x 模块维护计算方案供 paddlejs-core 注册使用，而具体使用哪一种计算方案，与 Paddle.js 的运行环境有关。

3.3.1　推理过程

推理过程大致分为**初始化**和**推理**两个阶段。

在模型初始化过程中，首先加载推理模型并生成神经网络拓扑图，然后通过算子生成器根据用户注册的计算方案，将神经网络每一层算子生成对应的可执行单元。

在初始化的最后一步，引擎会默认执行预热过程，即传递与模型输入 shape 相同的 Tensor——值全为 1.0 的二进制浮点数据，并在神经网络中完成推理计算。

> 提示：预热过程与使用真实数据进行推理预测的过程不同，它通过传递与模型输入 shape 相同的 Tensor 进行一次推理计算。

在预热过程中，完成权重上传和数据缓存，如果是 GPU 计算方案，则会进行着色器编译并缓存，以便加速真实用户数据的推理计算过程。后续推理耗时将会远小于预热耗时。

关于模型初始化的过程，这里只大致介绍，3.4 节会通过代码详细说明。

在完成初始化过程后，就可以输入真实数据了。Paddle.js 目前支持的用户输入包括图像及视频流。在直接使用这些数据之前，要进行数据的预处理工作，包含对图像进行拉伸、像素填充、数据归一化等操作，从而将用户输入转换成二进制浮点数据，变为符合模型要求的输入——Tensor。

这种预处理工作称为模型推理的**前处理**工作。

在完成初始化并通过前处理工作修改了原始数据后，就可以通过神经网络推理计算了。通过 paddlejs-backend-x 模块，在用户注册的 backend 环境中，通过神经网络层计算得出推理结果。

最后进行**后处理**，即把推理结果转化为业务侧所需要的数据。

在推理过程的前处理和后处理中包含着大量的计算工作，用户可使用 Paddle.js 提供的 paddlejs-mediapipe 模块来简化这些工作。

3.3.2　运行环境

Paddle.js 可以在浏览器和 Node.js 中运行。

运行环境与计算方案紧密相关，在浏览器中可以使用 WebGL、WebGPU、WASM 和 PlainJS 计算方案完成推理。截至本书完稿之时，主流浏览器（97.93%）都支持 WebGL 1.0，WebGL 2.0 的兼容性较低（77.29%），WebAssembly 的兼容性为 93.93%，在大部分浏览器中可以获得 GPU/CPU 加速；在 Node.js 环境中可以使用 NodeGL、WASM 和 PlainJS 计算方案完成推理。

根据终端性能、模型复杂度及想要兼容覆盖的范围，开发者可以作出最终的选择。3.4 节将通过代码展示如何在模型初始化时选择计算方案。

3.4　使用 Paddle.js

前面介绍了 Paddle.js 的核心模块和工作原理，本节将根据具体的代码介绍如何使用 Paddle.js，在这个过程中可以对 Paddle.js 的设计有大致的了解。以一个简单的两层神经卷积网络为例，模型文件如下。

```
{
```

```
"ops": [
    {
        "attrs": {},
        "inputs": {
            "X": ["feed"]
        },
        "outputs": {
            "Out": ["image"]
        },
        "type": "feed"
    },
    {
        "attrs": {
            "Scale_in": 1.0,
            "Scale_in_eltwise": 1.0,
            "Scale_out": 1.0,
            "Scale_weights": [1.0],
            "data_format": "AnyLayout",
            "dilations": [1, 1],
            "exhaustive_search": false,
            "force_fp32_output": false,
            "fuse_relu": false,
            "fuse_relu_before_depthwise_conv":
false,
            "fuse_residual_connection": false,
            "groups": 1,
            "paddings": [0, 0],
            "strides": [1, 1]
        },
        "inputs": {
            "Filter": ["conv2d_0.w_0"],
            "Input": ["image"]
        },
```

```
            "outputs": {
                "Output": ["conv2d_0.tmp_0"]
            },
            "type": "conv2d"
        },
        {
            "attrs": {
                "Scale_in": 1.0,
                "Scale_in_eltwise": 1.0,
                "Scale_out": 1.0,
                "Scale_weights": [1.0],
                "data_format": "AnyLayout",
                "dilations": [1, 1],
                "exhaustive_search": false,
                "force_fp32_output": false,
                "fuse_relu": false,
                "fuse_relu_before_depthwise_conv":
false,
                "fuse_residual_connection": false,
                "groups": 1,
                "paddings": [0, 0],
                "strides": [1, 1]
            },
            "inputs": {
                "Filter": ["conv2d_1.w_0"],
                "Input": ["iconv2d_0.tmp_0"]
            },
            "outputs": {
                "Output": ["conv2d_1.tmp_0"]
            },
            "type": "conv2d"
        },
        {
```

```
        "attrs": {},
        "inputs": {
            "X": [
                "conv2d_1.tmp_0"
            ]
        },
        "outputs": {
            "Out": [
                "fetch"
            ]
        },
        "type": "fetch"
    }
],
"vars": [
    {
        "name": "image",
        "persistable": false,
        "shape": [1, 3, 3, 5]
    },
    {
        "name": "conv2d_0.tmp_0",
        "persistable": false,
        "shape": [1, 1, 2, 4]
    },
    {
        "name": "conv2d_0.w_0",
        "persistable": true,
        "shape": [1, 3, 2, 2]
    },
    {
        "name": "conv2d_1.w_0",
        "persistable": false,
```

```
        "shape": [1, 1, 2, 2]
    },
    {
        "name": "conv2d_1.tmp_0",
        "persistable": false,
        "shape": [1, 1, 1, 3]
    }
  ]
}
```

下面根据核心代码讲解 Paddle.js 执行推理的具体过程。

```
import { Runner } from '@paddlejs/paddlejs-core';      ❶
import '@paddlejs/paddlejs-backend-webgl';             ❷

interface ModelConfig {
    path: string;
    feedShape: {
        fc: number;
        fw: number;
        fh: number;
    };
    mean?: number[];
    std?: number[];
    needPreheat?: boolean;
}

const modelConfig = {
    path: modelPath,
    feedShape: {
        fc: 3,
        fw: 3,
        fh: 5
    }
    mean: [0.485, 0.456, 0.406],
```

```
    std: [0.229, 0.224, 0.225],
    needPreheat: true
} as ModelConfig;

// 模型加载和初始化
async function load(modelConfig: modelConfig) {
    const runner = new Runner(modelConfig);          ❸
    await runner.init();                             ❹
}

// 传入媒体资源进行推理计算
async function predict(input: HTMLImageElement |
HTMLCanvasElement) {
    return await runner.predict(input);              ❺
}
```

❶ 引入核心框架@paddlejs/paddlejs-core，获取推理引擎的核心调度器——Runner 类。Paddle.js 在 Runner 类中封装了一些用于完成推理预测的重要模块，具体如下。

- Loader 模块，负责模型加载器。
- Graph 模块，负责生成模型的拓扑网络结构。
- OpExecutor 模块，算子生成器，用于封装算子，方便在推理的过程中对其进行调用。
- MediaProcessor 模块，负责模型的前处理工作。

以上模块都作为 class 类在必要的时候被初始化并交由 Runner 调度，顾名思义，这个类像"流水线"一样，串起了整个 Paddle.js 的运行环境，其上的实例方法也对应了推理过程的重要步骤。

```
// 以下是定义 Runner 类的文件的大致结构

import Loader from './loader';
```

```
import Graph from './graph';
...
import type OpExecutor from './opFactory/opExecutor';
import MediaProcessor from './mediaProcessor';
...

class Runner {

    // 根据 ModelConfig 初始化
    constructor(options: ModelConfig | null) {
    }

    // 模型初始化
    async init() {

        // 初始化计算方案
        if (!GLOBALS.backendInstance) {
            console.error('ERROR: Haven\'t register
backend');
            return;
        }
        await GLOBALS.backendInstance.init();

        this.isExecuted = false;

        // 加载模型
        await this.load();

        // 生成模型输入数据
        this.genFeedData();

        // 生成拓扑结构
        this.genGraph();
```

```
    // 结构化算子信息
    this.genOpData();

    // 根据配置决定是否进行模型预热
    if (this.needPreheat) {
        return await this.preheat();
    }
}

// 加载模型，在模型初始化时被调用
async load() {
}

// 生成模型输入数据，在模型初始化时被调用
genFeedData() {
}

// 生成拓扑结构，在模型初始化时被调用
genGraph() {
}

// 结构化算子信息，在模型初始化时被调用
genOpData() {
}

// 模型预热，在模型初始化时可能被调用
async preheat() {
}

// 判断模型是否已加载
async checkModelLoaded() {
}
```

```
// 执行推理
async predict(media, callback?: Function) {
}

// 针对特定输入数据执行推理
async predictWithFeed(data: number[] | InputFeed[]
| ImageData, callback?, shape?: number[]) {
}

...

// 执行 Op
executeOp(op: OpExecutor) {
}

// 读取模型推理结果
async read() {
}

...
}
```

从以上代码可以清晰地看出，在模型推理的关键节点——从初始化到推理再到产出结果，Runner 类都起到了提纲挈领的作用。

❷ 引入 WebGL 计算方案 @paddlejs/paddlejs-backend-webgl。

如 3.1.2 节所述，目前 Paddle.js 的计算方案还支持 WebGPU、WASM（WebAssembly）、PlainJS（纯 JavaScript 版本）及 NodeGL。本例使用 WebGL 计算方案。引入该 npm 包后，Paddle.js 自动完成计算方案注册和算子 Op 注册，利用 GPU

加速进行模型推理。

❸ 生成一个调度器 Runner 实例，需要传入以下模型配置参数。

- path 为模型文件地址，可以为网络路径或本地路径，模型结构文件与参数文件需要放在同一个目录里。
- feedShape 为模型支持的输入 Tensor shape，Runner 类根据该参数将输入媒体数据进行尺寸调整、数据填充等操作，将输入处理为模型所需的 Tensor shape。
- mean 和 std 分别为平均值和标准差，用于处理输入媒体数据。
- needPreheat 参数决定是否进行预热过程，true 为执行，false 为不执行。

❹ 初始化过程。参照 Runner 类实现，该过程包括初始化计算方案、加载模型、生成神经网络拓扑、结构化算子信息和预热过程，下面分别进行说明。

初始化计算方案。在本例中，创建 WebGL 环境并完成相关 WebGL 参数的配置。

加载模型。Loader 模块根据模型地址下载模型结构文件 model.json 和模型参数文件 chunk.dat，并生成一个模型信息对象，代码如下。

```
interface Model {
    ops: ModelOp[];
    vars: ModelVar[];
}
```

其中，ops 存储 model.json 中的模型结构信息，vars 存储 chunk.dat 中的权重数据。

生成神经网络拓扑。Graph 模块根据模型信息对象生成神经网络拓扑结构 weightMap。

首先遍历模型结构信息 ops，使用算子生成器 OpExecutor 初始化每个 Op，生成 Op 对象。此时 Op 对象包含 id 和 next 属性，id 属性具有唯一性，作为当前 Op 索引；next 属性为下一个执行的 Op id，此时值为空字符串。

然后根据模型结构信息中的 inputs 和 outputs 完成拓扑排序，所以本例中的执行顺序为 feed、conv2d、conv2d 和 fetch。

结构化算子信息。主要生成输入 Tensor 对象 inputTensors、输出 Tensor 对象 outputTensors 和算法程序 program。输入和输出 Tensor 对象主要包括 Tensor 数据维度和二进制数据。program 为 Op 的算法程序，不同的计算方案的算法程序实现不同，WebGL 计算方案通过着色器（Vertex/Fragment/Compute Shader）实现。

预热过程。needPreheat 根据模型配置参数决定是否执行此过程。

如果执行，则生成一个与 feedShape 模型维度一致的 Tensor 数据——值全为 1.0 的二进制浮点数据，作为模型的输入 Tensor 数据。

feed 算子和 fetch 算子并不执行，只是作为模型的输入和输出标识，通过 feed 算子的 next 属性找到下一个算子（本例中为 conv2d 算子）开始计算，若遇到 fetch 对象算子，则直接返回。

在预热过程中，完成模型权重数据缓存，WebGL 计算方案根据输入和输出 Tensor 对象的维度信息和权重数据生成纹理并缓存，这样在推理过程就不需要再上传数据，直接使用缓存即可，大大提高了推理速度。

❺ 与预热过程不同的是，推理过程使用传入的媒体资源数据完成推理计算。推理前使用模型前处理模块（MediaProcessor）将媒体资源转换为 ImageData 对象，并根据 feedShape 信息进行尺寸调整和数据填充等操作，最终产生符合模型输入条件的 Tensor 数据。

以上的五个步骤是 Paddle.js 运行推理执行的几个重要环节，开发者只需要先引入核心框架@paddlejs/paddlejs-core 和合适的计算方案，再根据模型配置参数生成 Runner 实例，调用 init、predict 即可完成初始化和预测工作。

如果想要更加简单、快捷地使用 Paddle.js 实现 AI 效果，那么可以使用模型库 paddlejs-models。该库提供了多个模型软件开发工具包（Software Development Kit，SDK），如手势检测、人像分割、图像识别、文字识别等，开发者不需要再传入模型配置信息，只需要简单地调用 API 即可实现落地效果，具体如何使用将在第 4 章详细介绍。

3.5 总结

本章介绍了 Paddle.js 在 AI 全链路中的具体位置，并且根据具体代码讲解推理模型的结构和 Paddle.js 的执行机制，总结如下。

- Paddle.js 在 AI 全链路中是一种端侧（当然，可以利用 Node.js 使其运行在服务端）的推理引擎，一般帮具体的业务研发工程师完成从原始模型到最终业务结果的开发工作。

- Paddle.js 的推理模型信息结构化地存储为 JSON 数据，使用 Netron 等可视化工具可以查看模型的具体结构信息。

- 推理过程分为**初始化**和**推理**两个阶段，在数据处理和产出推理结果过程中，涉及**前处理**和**后处理**操作，主要用来修改模型推理的输入/输出数据。

- Paddle.js 支持在浏览器和 Node.js 中运行，支持 WebGL、WebGPU、WASM、NodeGL 和 PlainJS 等计算方案，开发者可根据需要自行选择。

- 在执行推理过程中，开发者只需要通过 Paddle.js 的核心模块 paddlejs-core 完成初始化和推理工作，整个流程只需要简单的五步。为了让整个过程更快捷，还可以使用模型库 paddlejs-models 来加速这一过程。

第4章
CV 项目实战

第 1 章～第 3 章介绍了 Web AI 的基本要素，以及前端推理引擎 Paddle.js 的运行环境和推理过程，还介绍了神经网络模型是如何在前端完成推理预测的。本章延续第 3 章的内容，具体讲解如何利用模型库 paddlejs-models 快速实现计算机视觉（Computer Vision，CV）项目。

Paddle.js 模型库 paddlejs-models 在 CV 任务上封装了丰富的模型 SDK，覆盖图像分类、人像分割、关键点检测和文字识别等任务。本章首先从模型库讲起，然后介绍如何利用这些模型库实现经典的 CV 项目，最后介绍在小程序上如何实现 AI 效果。

4.1 paddlejs-models 模型库

paddlejs-models 模型库是基于前端推理引擎 Paddle.js 面向前端工程师的 AI 功能解决方案，旨在提供开箱即用的 AI 功能，使产品快速接入 AI 功能；前端工程师还可以基于 SDK 进行二次开发，实现更多贴合业务场景的效果。目前，已经开源的模型 SDK 如表 4-1 所示。

表 4-1　已经开源的模型 SDK

SDK	npm 包	提供的 AI 功能
mobilenet	@paddlejs-models/mobilenet	1000 种物品分类
humanseg	@paddlejs-models/humanseg	人像分割
gesture	@paddlejs-models/gesture	手势识别
ocr	@paddlejs-models/ocr	文字识别
tinyYolo	@paddlejs-models/tinyYolo	人脸检测（轻量模型）
facedetect	@paddlejs-models/facedetect	人脸检测（适合多人像）

4.1.1　backend 选择

paddlejs-models 模型库提供封装好的模型 SDK，不同的 SDK 引入不同的模型文件并提供不同的 AI 功能。每个 SDK 都集成 Paddle.js 核心框架（paddlejs-core）和合适的计算方案（backend），同时封装了模型前处理和通用的模型后处理，提供简单、易用的 API 接口供前端工程师调用。如图 4-1 所示，不同的模型 SDK 会根据模型结构和计算需求选择合适的计算方案。

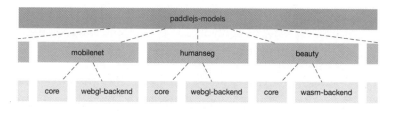

图 4-1　模型 SDK 计算方案

其中，webgl-backend 支持 WebGL 1.0 和 WebGL 2.0，会根据当前设备对 WebGL 的支持情况自动切换版本；在 WebGPU 正式被浏览器支持之前，webgl-backend 仍是功能最强大的计算方案。经测试，大多数模型在 WebGL 上都能有较好的推理性能。但是由于 WebGL 编译着色器程序和将数据上传至纹理需要时间开销，因此对于一些超轻量模型来说，在 wasm-backend 上运行可能会获得更优的推理性能。表 4-2 显示了在 MacBook Pro（16inch，2019，A2141）Chrome 浏览器（版本为 95.0.4638.69）上，人脸模型（face，包含人脸检测+人脸关键点模型）、人像分割模型（humanseg）、物品分类模型（mobilenet）分别在 WebGL 2.0 和 WebAssembly 上的推理耗时。

表 4-2　不同模型在 WebGL 2.0 和 WebAssembly 上的推理耗时

SDK	模型文件大小	WebGL 2.0 耗时/ms	WebAssembly 耗时/ms
mobilenet	120.12KB +13.31MB	14.975	133.388
humanseg	127KB +505KB	21.49	180.25
face	227KB +224KB/ 457KB +2.2MB	33.14	29.88

4.1.2　引入模型 library

在讲解如何引入模型 library 之前，先介绍 paddlejs-models 模型库中的每个模型是如何编译打包产出 SDK 的。

不同模型的编译打包的方式都是统一的，采用 Webpack 作为打包工具。这里以 mobilenet 为例，分析它的 Webpack 配置。

> 提示：Webpack 是一个用于现代 JavaScript 应用程序的静态模块打包工具，关于它的详细介绍可以查看官网进行了解。

```
/**
 * @file mobilenet webpack config
 */

const path = require('path');

module.exports = {
    mode: 'production',
    entry: {
        index: [path.resolve(__dirname,
'./src/index')]
    },
    resolve: {
        extensions: ['.ts']
    },
    module: {
        rules: [
            {
                test: /\.ts$/,
                loader: 'ts-loader',
                exclude: /node_modules/
            }
        ]
    },
    output: {
        filename: '[name].js',
        path: path.resolve(__dirname, 'lib'),
        globalObject: 'this',
        libraryTarget: 'umd',
```

```
        library: ['paddlejs', 'mobilenet'],
        publicPath: '/'
    }
};
```

其中，重点关注 output 打包配置项。配置项 libraryTarget:'umd'表示允许 mobilenet 以 CommonJS、AMD 方式加载或作为全局变量被引用。配置项 library:['paddlejs', 'mobilenet']表示可以通过以下方式获取全局变量。

```
// 获取 mobilenet
const mobilenet = paddlejs['mobilenet'];
```

可以看到，这里将 SDK 挂载到全局变量 paddlejs 下，是为了将所有模型的全局变量收敛到一个入口。其他模型的引入方式如下。

```
// 获取 humanseg
const humanseg = paddlejs['humanseg'];
// 获取 ocr
const ocr = paddlejs['ocr'];
```

4.2 经典 CV 模型实战

计算机视觉是一门让机器如何去"看"的学科，更进一步地说，就是让机器能够理解人类视觉系统完成的任务，从数字图像或视频中获取有效信息。计算机视觉已经在各领域得到广泛应用，如交通、安防、金融和医疗等，如图 4-2 所示。

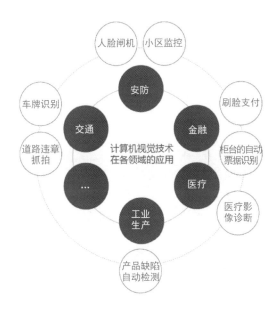

图 4-2　计算机视觉技术的应用领域

接下来，从三个经典的 CV 项目（图像分类、图像分割和目标检测）出发，介绍如何封装一个模型 SDK，以及如何快速使用 SDK 实现 AI 效果。

4.2.1　图像分类

图像分类（Image Classification）是根据图像的语义信息对不同类别的图像进行区分的，是计算机视觉的核心，更是物体检测、图像分割、物体跟踪、行为分析和人脸识别等其他高层次视觉任务的基础。图像分类在许多领域都有着广泛的应用，如安防领域的人脸识别和智能视频分析，交通领域的交通场景识别，互联网领域的基于内容的图像检索和相册自动归类，医疗领域的图像识别等。最经典的深度学习入门案例——手写数字识别，就是一个典型的图像分类问题，如图 4-3 所示。

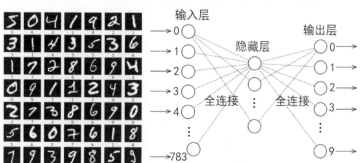

图 4-3　手写数字识别

一般来说，图像分类首先通过手工特征或特征学习方法对整个图像进行全部描述，然后使用分类器判别物体类别，因此如何提取图像的特征至关重要。在深度学习算法出现之前，使用较多的方法是基于词袋（Bag of Words）模型的物体分类方法。而基于深度学习的图像分类方法可以通过监督学习或无监督学习的方式学习层次化的特征描述，从而取代手工设计或选择图像特征的工作。近年来，深度学习模型中的卷积神经网络（Convolutional Neural Networks，CNN）在图像领域取得了惊人的成绩，CNN直接利用图像像素信息作为输入，最大限度地保留了输入图像的所有信息。通过卷积操作进行特征的提取和高层抽象，模型输出直接是图像识别的结果。这种基于"输入—输出"直接端到端的学习方法取得了非常好的效果，得到了广泛应用。

图像分类是计算机视觉里基础且重要的一个领域，其研究成果一直影响着计算机视觉甚至深度学习的发展。图像分类有很多子领域，如单标签图像分类、多标签图像分类、细粒度图像分类等，此处只对单标签图像分类进行简要的叙述。

1.　1000 种物品分类

1000 种物品分类模型是基于 ImageNet-1k 数据集训练出来的，有 1000 种类别，如 banana、pizza、cup 等。使用 CNN 实现图像分类的过程如图 4-4 所示。

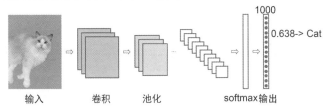

图 4-4　使用 CNN 实现图像分类的过程

@paddlejs-models/mobilenet 是对该模型分类功能的封装，暴露了两个 API——load 和 classify，调用过程如下。

```
// 引入 mobilenet
import * as mobilenet from
'@paddlejs-models/mobilenet';                    ❶

// 模型加载，初始化 SDK
await mobilenet.load();                           ❷

// 传入图像，获取图像分类结果
const res = await mobilenet.classify(img);        ❸
```

❶ 引入 mobilenet SDK。

❷ 调用 load 接口并完成初始化。具体实现如下。

```
/**
 * 初始化 SDK，加载模型，引擎初始化
 *
 * @param {RunnerConfig} [config] SDK 配置，可选，若不选，
则表示使用 imgNet1K 分类模型配置，且在初始化期间完成预热
 */
```

```
export async function load(config?: RunnerConfig) {
    // 注册 runner, imgNet1K 为 1000 种物品分类模型配置
    runner = new Runner(config || imgNet1K);

    // 设置 webgl_feed_process 为 true, 将图像前处理过程在
    // GPU 上完成, 提高图像前处理速度
    env.set('webgl_feed_process', true);
    // 设置 webgl_pack_channel 为 true, conv2d 开启计算向
    // 量化, 提高推理性能
    env.set('webgl_pack_channel', true);
    // runner 初始化
    await runner.init();
}
```

❸ 调用 classify 接口完成推理。具体实现如下。

```
/**
 * 获取输入图像的分类结果
 *
 * @param {HTMLImageElement | HTMLVideoElement |
HTMLCanvasElement} image 输入图像
 * @param {string[] | MobilenetMap} [map] 分类信息列表,
可选
 * @return {string} result 分类结果, 类别名
 */
export async function classify(image: HTMLImageElement
| HTMLVideoElement | HTMLCanvasElement, map?: string[] |
MobilenetMap): string {
    // 传入图像, 获取推理结果, 推理结果表示图像成为 1000 种分
    // 类中的任何一种分类的可能性
    const res = await runner.predict(image);
    // 找到可能性最大的分类索引值
```

```
    const maxItemIndex = getMaxItemIndex(res);

    const curMap = map || imgNet1kMap;
    // 得到索引对应的分类名称
    const result = curMap[`${maxItemIndex}`];
    return result;
}
```

2. 任意图像分类模型

对于图像分类应用来说，模型输入是图像资源，输出结果表示图像成为所有分类中的任何一种分类的可能性，其中最大输出值的索引就是模型推理的答案。正因如此，开发者可以提供自己训练好的模型和对应的分类来完成初始化，实现想要的分类效果，代码如下。

```
// 开发者提供分类模型的地址，模型文件需要符合 Paddle.js 模型
// 文件格式，包含引入的权重文件信息
// 模型参数 mean 和 std
const customConfig = {
    path,
    mean,
    std
} as RunnerConfig;

// 使用开发者自己训练的模型配置
await mobilenet.load(customConfig);

// 传入图像，获取图像分类结果，传入对应的分类文件 map
const res = await mobilenet.classify(img, map);
```

4.2.2　图像分割

图像分割（Image Segmentation）是一种典型的计算机视觉任务，通过给出图像中每个像素点的标签，将图像分割成若干带类别标签的区块。图像分割是图像处理的重要组成部分，也是难点之一。随着人工智能（AI）的发展，图像分割技术已经在场景理解、医疗影像、人脸识别、机器人感知、视频监控和增强现实等领域获得了广泛的应用。

图像分割本质上是一种像素级别的图像分类任务，也就是对每个像素进行分类。图像分割通常分为语义分割（Semantic Segmentation）、实例分割（Instance Segmentation）、全景分割（Panoptic Segmentation）和人像分割（Portrait Segmentation）。

1．语义分割

把图像中每个像素赋予一个类别标签，如行人、汽车、建筑、地面、天空和树等。同一类别被标记为相同的颜色，语义分割只能区分类别，无法再区分同一类别下的不同实例。如图 4-5 所示，汽车类别都被标记为蓝色，无法区分停在一排的单辆汽车。

图 4-5　语义分割（彩色图片见彩插图 4-5）

2．实例分割

实例分割包含了目标检测和语义分割的特点，只对图像中可区分实例的目标进行分割。相对目标检测的边界框，实例分割可以精确到物体的边缘信息；相对语义分割，实例分割并不需要对每个像素进行分类，只是对检测到的目标区域内的像素进行分类，并区分不同的实例。如图 4-6 所示，所有单辆汽车都被标记为不同的颜色。

图 4-6　实例分割（彩色图片见彩插图 4-6）

3．全景分割

全景分割是语义分割和实例分割的结合，会对图像中每个像素进行分类，并且会区分同一类别的多个实例，用不同的颜色区分。如图 4-7 所示，对图像中每个像素都进行了分类，且相同类别的目标对象用不同的颜色区分了实例个体。

图 4-7　全景分割（彩色图片见彩插图 4-7）

4．人像分割

人像分割是图像分割领域的经典应用，利用计算机视觉技术将人像从图像或视频流中分离出来，目前被广泛应用于虚拟背景、人像抠图美化、视频后期处理和视频会议背景替换等场景。

@paddlejs-models/humanseg 封 装 了 Paddle.js 核 心 库 @paddlejs/paddlejs-core 和计算方案@paddlejs/paddlejs-backend-webgl，通过 WebGL 使 GPU 加速，采用 PaddleSeg 超轻量级人像分割模型 PP-HumanSeg-Lite，模型性能如表 4-3 所示。

表 4-3　模型性能

模型名	输入尺寸	模型计算量	参数量	推理耗时/ms	原始模型大小/KB	转换后模型大小/KB
PP-HumanSeg-Lite	398 像素×224 像素	266M	137K	21.49	954+556	127+505
PP-HumanSeg-Lite	288 像素×160 像素	138M	137K	15.62	954+556	127+505

提示：测试环境使用 Paddle.js converter 优化图结构和参数裁剪，部署于 Web 端，显卡型号为 AMD Radeon Pro 5300M 4GB。模型大小为模型结构文件大小与参数文件大小总和。

@paddlejs-models/humanseg 暴露了四个 API：load、getSegValue、drawHumanSeg、blurBackground，调用过程如下。

```
// 引入 humanseg SDK
import * as humanseg from '@paddlejs-models/humanseg';
```
❶

```
// 初始化 SDK，下载 398×224 模型，默认执行预热
await humanseg.load();                                    ❷

// 获取分割结果
const segValue = await humanseg.getSegValue(img);         ❸

// 获取 background canvas
const backCanvas =
document.getElementById('background') as
HTMLCanvasElement;                                        ❹

const destCanvas = document.getElementById('back') as
HTMLCanvasElement;                                        ❺

// 背景替换，使用 back_canvas 作为新背景,实现背景替换
humanseg.drawHumanSeg(segValue, destCanvas,
backCanvas);                                              ❻

const blurCanvas = document.getElementById('blur') as
HTMLCanvasElement;                                        ❼
// 背景虚化
humanseg.blurBackground(segValue, blurCanvas);            ❽
```

❶ 引入 humanseg SDK。

❷ 初始化 SDK，下载 PP-HumanSeg-Lite 的 398×224 模型，并默认执行预热。具体实现如下。

```
/**
 * 初始化 SDK，默认下载 398×224 模型，默认执行预热
 *
 * @param {boolean} [needPreheat=true] 是否在初始化阶段
进行预热，默认为 true，可选
 * @param {boolean} [enableLightModel=false] 是否使用
288×160 模型，默认为 false，可选
```

```
    */
   export async function load(needPreheat = true,
enableLightModel = false) {
      const modelpath =
'https://paddlejs.bj.bcebos.com/models/fuse/humanseg/hu
manseg_398x224_fuse_activation';
      const lightModelPath =
'https://paddlejs.bj.bcebos.com/models/fuse/humanseg/hu
manseg_288x160_fuse_activation';
      const modelPath = enableLightModel ?
lightModelPath : modelpath;

      // 注册全局引擎 Runner，并初始化
      runner = new Runner({
         modelPath: modelPath,
         needPreheat: needPreheat !== undefined ?
needPreheat : true,
         mean: [0.5, 0.5, 0.5],
         std: [0.5, 0.5, 0.5]
      });

      // 设置 flag webgl_feed_process 为 true，在 GPU 上完
      // 成图像前处理过程，提高图像前处理速度
      env.set('webgl_feed_process', true);
      // 设置 flag webgl_pack_channel 为 true，开启 conv2d
      // 计算向量化，加快推理性能
      env.set('webgl_pack_channel', true);
      // 设置 flag webgl_pack_output 为 true，按照四通道排
      // 布模型输出结果并读取，提高结果读取速度
      env.set('webgl_pack_output', true);

      // 引擎初始化
```

```
    await runner.init();
}
```

❸ 对输入图像进行分割，并获取分割后的像素 alpha 值。返回的分割结果为 32 位的浮点数型数组 Float32Array，数组中每个值代表对应像素是人像的置信度值（取值范围为 0～1），如果该像素被分类为人像，则置信度越高，值越接近 1。具体实现如下。

```
/**
 * 获取分割结果
 *
 * @param {HTMLImageElement | HTMLVideoElement |
HTMLCanvasElement} input 分割对象，类型可以是 image、canvas 和
video
 * @return {Float32Array} seg values of the input
 */
export async function getSegValue(input:
HTMLImageElement | HTMLVideoElement | HTMLCanvasElement):
Float32Array {
    // 传入 Runner 进行推理，获取推理结果，推理结果长度为
    // 2×398×224
    // 0 ~ 398×224 为像素代表背景的置信度值
    // 398×224 ~ 2×398×224 为像素代表人像前景的置信度值
    const backAndForeConfidence =  await
runner.predict(input);
    // 返回像素代表人像前景的置信度值数组
    return
backAndForeConfidence.splice(backAndForeConfidence.leng
th / 2);
}
```

❹ 获取背景 canvas，将其作为新替换的背景。

❺ 获取目标 canvas，分割效果将绘制在此。

❻ 背景替换，使用 back_canvas 作为新背景，实现背景替

换。该 API 主要实现绘制人像分割结果，可选是否替换背景。API 前两个参数分别是分割结果和目标 canvas，目标 canvas 为最终分割效果渲染的位置。第三个参数 backgroundCanvas 为可选参数，作为背景绘制在目标 canvas 中，实现背景替换效果。具体实现如下。

```
/**
 * 人像分割，可选是否替换背景
 *
 * @param {Float32Array} seg_values 输入图像的分割结果
 * @param {HTMLCanvasElement} canvas 为目标 canvas，渲染结果将绘制于此
 * @param {HTMLCanvasElement} backgroundCanvas 为背景canvas，可选
 */
export function drawHumanSeg(
    seg_values: number[],
    canvas: HTMLCanvasElement,
    backgroundCanvas?: HTMLCanvasElement |
HTMLImageElement
) {
    // 获取分割对象的原始大小
    const inputWidth = inputElement.naturalWidth ||
inputElement.width;
    const inputHeight = inputElement.naturalHeight ||
inputElement.height;

    const ctx = canvas.getContext('2d') as
CanvasRenderingContext2D;
    canvas.width = WIDTH;
    canvas.height = HEIGHT;

    const tempCanvas =
```

```
document.createElement('canvas') as HTMLCanvasElement;
    const tempContext = tempCanvas.getContext('2d') as
CanvasRenderingContext2D;
    tempCanvas.width = WIDTH;
    tempCanvas.height = HEIGHT;

    const tempScaleData = ctx.getImageData(0, 0, WIDTH,
HEIGHT);
    // 绘制原始输入图像
    tempContext.drawImage(inputElement,
backgroundSize.x, backgroundSize.y, backgroundSize.sw,
backgroundSize.sh);
    // 获取原始输入图像像素值
    const originImageData =
tempContext.getImageData(0, 0, WIDTH, HEIGHT);

    for (let i = 0; i < WIDTH * HEIGHT; i++) {
        // 概率值 × 255，如果大于 100，则认为是人像
        if (seg_values[i] * 255 > 100) {
            // 获取原始输入图像像素 red 通道值
            tempScaleData.data[i * 4] =
originImageData.data[i * 4];
            // 获取原始输入图像像素 green 通道值
            tempScaleData.data[i * 4 + 1] =
originImageData.data[i * 4 + 1];
            // 获取原始输入图像像素 blue 通道值
            tempScaleData.data[i * 4 + 2] =
originImageData.data[i * 4 + 2];
            // 概率值 × 255 作为该像素的 alpha 通道值
            tempScaleData.data[i * 4 + 3] = seg_values[i]
* 255;
        }
    }
```

```
      tempContext.putImageData(tempScaleData, 0, 0);
      canvas.width = inputWidth;
      canvas.height = inputHeight;
      // 如果传入第三个参数，则将该参数作为背景绘制到目标
      // canvas 中，实现背景替换效果
      backgroundCanvas
      && ctx.drawImage(backgroundCanvas,
-backgroundSize.bx, -backgroundSize.by,
backgroundSize.bw, backgroundSize.bh);
      ctx.drawImage(tempCanvas, -backgroundSize.bx,
-backgroundSize.by, backgroundSize.bw,
backgroundSize.bh);
   }
```

❼ 获取背景虚化效果的目标 canvas。

❽ 虚化背景。具体实现如下。

```
/**
 * 虚化背景
 *
 * @param {Float32Array} seg_values 输入图像的分割结果
 * @param {HTMLCanvasElement} dest_canvas 为目标 canvas
 */
export function blurBackground(seg_values: number[],
dest_canvas) {
    const inputWidth = inputElement.naturalWidth ||
inputElement.width;
    const inputHeight = inputElement.naturalHeight ||
inputElement.height;
    const tempCanvas =
document.createElement('canvas') as HTMLCanvasElement;
    const tempContext = tempCanvas.getContext('2d') as
CanvasRenderingContext2D;
```

```
    tempCanvas.width = WIDTH;
    tempCanvas.height = HEIGHT;

    const dest_ctx = dest_canvas.getContext('2d') as
CanvasRenderingContext2D;
    dest_canvas.width = inputWidth;
    dest_canvas.height = inputHeight;

    const tempScaleData = tempContext.getImageData(0,
0, WIDTH, HEIGHT);
    // 在 tempCanvas 上绘制原始图像
    tempContext.drawImage(inputElement,
backgroundSize.x, backgroundSize.y, backgroundSize.sw,
backgroundSize.sh);
    const originImageData =
tempContext.getImageData(0, 0, WIDTH, HEIGHT);

    // 清空 blurFilter
    blurFilter.dispose();
    // 使用 blurFilter 虚化原始图像
    const blurCanvas = blurFilter.apply(tempCanvas);

    for (let i = 0; i < WIDTH * HEIGHT; i++) {
        //概率值 × 255，如果大于 100，则认为是人像
        if (seg_values[i] * 255 > 100) {
            tempScaleData.data[i * 4] =
originImageData.data[i * 4];
            tempScaleData.data[i * 4 + 1] =
originImageData.data[i * 4 + 1];
            tempScaleData.data[i * 4 + 2] =
originImageData.data[i * 4 + 2];
            tempScaleData.data[i * 4 + 3] = seg_values[i]
* 255;
```

```
        }
    }

    tempContext.putImageData(tempScaleData, 0, 0);

    // 在目标 canvas 上绘制虚化后的 canvas
    dest_ctx.drawImage(blurCanvas,
-backgroundSize.bx, -backgroundSize.by,
backgroundSize.bw, backgroundSize.bh);
    // 在目标 canvas 上绘制分割后的人像
    dest_ctx.drawImage(tempCanvas,
-backgroundSize.bx, -backgroundSize.by,
backgroundSize.bw, backgroundSize.bh);
    }
```

人像分割效果如图 4-8 所示。

图 4-8　人像分割效果

4.2.3　目标检测

目标检测（Object Detection）有两个任务：一个是识别出图像中的目标所属类别，这与图像分类目标是一样的；另一个是识别出目标的边界，也就是识别出目标的位置信息，目标可能有一个，也可能有多个。如图 4-9 所示，想要检测出图像中的猫，先要识别出图像中是否有猫这个类别，再推理出猫的位置信息。

 ≫≫ 类别：猫 ≫≫

图 4-9　目标检测

1. 目标检测概念和应用场景

目标检测是计算机视觉的主要研究方向之一，有着广泛的应用场景，如人脸检测、行人检测和文字检测等，目标检测是这些视觉任务的基础。既然为基础，就说明目标检测只是应用中的一个环节，先检测出图像中目标的类别及位置信息，再结合检测的结果对图像进行进一步处理，并作为关键点检测等其他模型的输入，以识别目标的详细信息。

2. 实战：人脸检测

先识别出图像中是否有人脸及人脸的位置信息，再通过位置信息裁剪出图像中的人脸部位，通过关键点模型推理出面部的关键点，是人脸检测相关应用的常见思路。

简化版的表情识别应用，可根据唇部关键点的相对位置信息，判断出嘴角是上扬的还是下弯的，是紧闭的还是张开的，以此得出用户是开怀大笑、微笑的还是难过的。美妆应用可根据关键点信息描绘出面部各区域，结合增强现实渲染技术给面部区域上妆或美容。

这些应用都依赖人脸检测模型，检测图像中是否有人脸及人脸框的位置。@paddlejs-models/tinyYolo SDK 封装了人脸检测的功能，是一种单目标检测，使用方式如下。

```
// 引入 tinyYolo
import * as tinyYolo from '@paddlejs-models/tinyYolo';
                                                        ❶

// 初始化 SDK
await tinyYolo.load();                                  ❷

// 传入图像，获取人脸框坐标
const res = await tinyYolo.detect(img);                 ❸
```

❶ 引入 tinyYolo SDK。

❷ 调用 load 方法完成初始化。具体实现如下。

```
export async function load(config: ModelConfig) {
    const {
        path =
'https://paddlejs.cdn.bcebos.com/models/tinyYolo',
        mean = [117.001 / 255, 114.697 / 255, 97.404 /
255],
        std = [1, 1, 1]
    } = config;

    const runner = new Runner({
        modelPath: path,
        feedShape: {
            fw: 320,
            fh: 320
        },
        mean: mean,
        std: std
    });
```

```
    await runner.init();
}
```

❸ 调用 detect 方法完成推理。具体实现如下。

```
/**
 *
 * @param image 传入图像
 * @return 目标在图像中的位置信息
 */
export async function detect(image) {
    const res = await runner.predict(image);
    // 进一步处理推理结果,若在图像中检测到人脸,则返回长度为 4
    // 的数组;若未检测到人脸,则返回空数组
    const result = process(res, image);
    return result;
}
```

人脸检测效果如图 4-10 所示。

图 4-10　人脸检测效果

3. 实战:手势识别

手势识别任务首先识别出图像中的手势位置,进而识别出手势的分类。利用手掌的位置,可通过手部移动路径隔空控制

页面中一些物体的移动，如图 4-11 所示，用手部移动路径隔空控制螺旋丸旋转。利用石头、剪子和布的手势分类可以做出一个如图 4-12 所示的猜拳小游戏。

图 4-11　用手部移动路径隔空控制螺旋丸旋转

图 4-12　猜拳小游戏

　　@paddlejs-models/gesture SDK 封装了手部检测及手势识别功能，SDK 使用了手部检测及手势分类两个模型。通过手部检测，确定图像中是否有手部目标及手掌的位置，根据检测到的手部信息对原图像进行仿射变换并裁剪，将处理后的图像作为手势分类模型的输入，识别出最终的手势类别。SDK 使用方式如下。

```
// 引入 gesture SDK
import * as gesture from '@paddlejs-models/gesture';
                                                              ❶

// 初始化 SDK
await gesture.load();                                         ❷

// 传入图像，获取手势分类结果
const res = await gesture.classify(img);                      ❸
```

❶ 引入 gesture SDK。

❷ 调用 load 方法完成初始化。具体实现如下。

```
export async function load() {
    const detectRunner = new Runner({
        modelPath:
'https://paddlejs.bj.bcebos.com/models/fuse/gesture/
gesture_det_fuse_activation'
    });

    const recRunner = new Runner({
        modelPath:
'https://paddlejs.bj.bcebos.com/models/fuse/gesture/
gesture_rec_fuse_activation'
    });
```

```
    // 初始化手势检测模型
    await detectRunner.init();
    // 初始化手势分类模型
    await recRunner.init();
}
```

❸ 调用 classify 方法完成推理。具体实现如下。

```
export async function classify(image) {
    // 手部检测推理
    const detectResult = await
detectRunner.predict(image);
    const post = new DetectProcess(detectResult,
canvas);
    const box = await post.outputBox(anchorResults);
    if (!box) {
        return '识别不到手';
    }
    // 手部框计算
    calculateBox(box);
    // 根据手部检测结果对原图像进行仿射变换和裁剪处理
    const feed = await post.outputFeed(recRunner);
    // 手势识别推理
    const recResult = await
recRunner.predictWithFeed(feed);
    // 计算手势分类
    const lmProcess = new LMProcess(recResult);
    lmProcess.output();
    const type = lmProcess.type || '';
    return type;
}
```

手势识别效果如图 4-13 所示。

图 4-13 手势识别效果

4.3 小程序 CV 项目

本章前面内容主要介绍了 Paddle.js 在浏览器端的应用，本节主要介绍如何在微信小程序和百度智能小程序上实现 AI 效果。

4.3.1 微信小程序插件 paddlejsPlugin

要在微信小程序平台使用 Paddle.js，需要引入微信小程序插件 paddlejsPlugin。Paddle.js 微信小程序模块架构如图 4-14 所示。

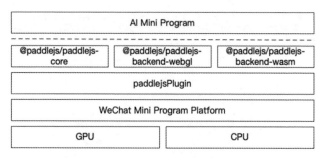

图 4-14　Paddle.js 微信小程序模块架构

在图 4-14 中，paddlejsPlugin 主要负责创建离屏 canvas，为 @paddlejs/paddlejs-backend-webgl 提供 WebGL 入口，获取微信小程序端 GPU 算力。

1．注册插件和 npm 包

插件 paddlejsPlugin 可在小程序管理后台的 "设置" → "第三方服务" → "插件管理" 中搜索、添加，开发者需要在小程序的 app.json 中声明插件信息，代码如下。

```
{
    ...
    "plugins": {
        "paddlejs-plugin": {
            "version": "2.0.1",
            "provider": "wx7138a7bb793608c3"
        }
    },
    ...
}
```

注：作者撰写本书时 paddlejsPlugin 为 2.0.1 版，实际练习时请使用 paddlejsPlugin 最新版本。

在小程序项目 package.json 文件中引入@paddlejs/paddlejs-core 和@paddlejs/paddlejs-backend-webgl。

2. 核心代码实现

首先引入各个模块，注册并实例化 Paddle.js 引擎，代码如下。

```
// 引入 paddlejs-core
import * as paddlejs from '@paddlejs/paddlejs-core';
// 引入 paddlejs-backend-webgl
import '@paddlejs/paddlejs-backend-webgl';
// 引入 plugin
const plugin = requirePlugin('paddlejs-plugin');
// 在插件内创建离屏 canvas，提供 WebGL 入口
plugin.register(paddlejs, wx);

// 以 mobilenet 模型配置为例
export const PaddleJS = new paddlejs.Runner({
    modelPath:
'https://mms-voice-fe.cdn.bcebos.com/pdmodel/clas/fuse/
v4_03082014',
    mean: [0.485, 0.456, 0.406],
    std: [0.229, 0.224, 0.225],
    webglFeedProcess: true
});
```

接下来的使用方法与 4.2 节中的使用方法一致，配置模型参数、初始化引擎、完成推理等，示例代码如下。

```
onLoad() {
    runner.init().then(() => {
        // 完成初始化
    });
}
```

```
/**
 * 推理
 *
 * @param {Object} imgObj 图像信息
 * @param {Uint8Array} imgObj.data 像素数据
 * @param {number} imgObj.width 图像宽度
 * @param {number} imgObj.height 图像高度
 */
predict(imgObj) {
    runner.predict(imgObj, data => {
        // 完成推理，data 是推理结果
    });
}
```

4.3.2　百度智能小程序动态库 paddlejs

百度智能小程序和微信小程序使用 Paddle.js 的方式并不相同，百度智能小程序开发者只需要引入小程序动态库 paddlejs，以功能组件的形式添加到小程序内。动态库内部引入 npm 包 @paddlejs/paddlejs-core 和@paddlejs/paddlejs-backend-webgl，采用静默更新的方式，开发者不必关注。

1. 注册动态库

在使用动态库前，开发者要在 app.json 中声明需要使用的动态库，代码如下。

```
{
    "dynamicLib": {
        // 定义一个别名，小程序中用这个别名引用动态库
        "paddlejs": {
            "provider": "paddlejs"
```

```
        }
      }
    }
```

2. 使用动态库

使用动态库组件 paddlejs 与使用普通自定义组件的方式相仿，在 JSON 文件中配置如下信息。

```
{
    "usingSwanComponents": {
        // 此处的 paddlejs 为自己定义的别名,本页面或本组件在
        // 模板中用此别名引用 paddlejs 动态库组件
        "paddlejs": "dynamicLib://paddlejs/paddlejs"
    }
}
```

在页面中可以使用动态库组件 paddlejs。

```
<view class="container">
    <view>下面这个自定义组件来自动态库</view>
    <!-- 这里的 'paddlejs' 就是本页面中对于动态库组件
paddlejs 的别名 -->
    <paddlejs options="{{options}}"
status="{{status}}" imgBase64="{{imgBase64}}"
bindchildmessage="paddleStatusChange" />
    </view>
```

组件 props 属性信息如表 4-4 所示。

表 4-4 组件 props 属性信息

名称	类型	是否必选	描述
options	string	是	模型配置项
imgBase64	string	是	要预测的图像的 Base64

续表

名称	类型	是否必选	描述
status	string	是	当前状态，status 变化触发组件调用相应的 API。当 status 变为 predict 时，组件会读取 imgBase64 作为输入的图像，调用模型预测 API

bindchildmessage 指定与 paddlejs 组件通信的方法（本例中以 paddleStatusChange 为例）。组件会分别在初始化过程和一次推理过程完成时触发方法 paddleStatusChange，并传递对应的状态参数。

- 初始化完成时，event.detail.status 为 loaded，开发者可以选择图像触发推理。
- 当一次推理过程完成时，event.detail.status 为 complete，并传递推理结果 event.detail.data，开发者可以根据需求来处理推理结果，以实现 AI 效果。

4.4　总结

本章介绍了 Paddle.js 模型库 paddlejs-models，并且结合模型库实现了三个经典 CV 项目——图像分类、图像分割、目标检测，并介绍如何在小程序上实现 AI 效果，总结如下。

- 模型库 paddlejs-models 提供开箱即用的 AI 功能，开发者不需要自己提供模型，可简单地调用 API 使产品快速接入 AI 功能。
- 使用@paddlejs-models/mobilenet 实现图像分类任务。
- 使用@paddlejs-models/humanseg 实现人像分割任务，实

现背景替换和背景虚化两种效果。

- 使用 @paddlejs-models/tinyYolo 实现人脸检测，使用 @paddlejs-models/gesture 实现手势识别。

- 通过小程序插件 paddlejsPlugin，以及 npm 包 @paddlejs/paddlejs-core 和 @paddlejs/paddlejs-backend-webgl 在微信小程序上开发 CV 任务。

- 通过动态库功能组件 paddlejs，在百度智能小程序上开发 CV 任务。

在第 1 章～第 4 章内容中，我们充分地了解了 Web AI 和其背后的技术原理，并且能够通过 paddlejs 前端推理引擎和其暴露的模型库来完成基本的业务开发。接下来，我们将以此为基础，了解如何深层定制相关技术栈以满足更复杂的需求。

第 2 部分　引入新模型

本书的第 1 部分介绍了前端推理引擎在 AI 全链路中的位置、作用、工作原理及使用方法。如果你有心仪的模型，那么一定会跃跃欲试，想让它在 Web 环境中"跑"起来。别急，在正式推理前还有一些准备工作。

第 5 章讲解了在模型准备阶段，如何利用模型转换器生成匹配前端推理引擎的模型文件。若模型的算子推理引擎还未支持，就要着手开发新的算子。

在模型推理前，即**前处理**阶段，要按照模型的要求对输入的媒体数据进行处理；在模型推理后，即**后处理**阶段，可能需要进一步处理推理的结果，以供具体业务直接使用。这些前、后处理操作会用到常用的视觉与图像处理方法，第 6 章对此进行了详细的介绍。

现在，就跟随本书继续探索如何引入新模型，并了解如何通过常用的图形图像处理算法扩展 Web AI 的应用场景吧！

第 **5** 章
模型准备

———

一般情况下，Paddle.js 已经封装好的 paddlejs-models 模型库可以满足开发者的需要，但是在涉及新的场景并需要适配新的原始模型时，生产一个可被正确执行的推理模型是一项绕不开的工作。本章将会介绍如何准备推理模型：将原始模型转换为目标推理引擎需要的模型格式，并确保模型中的算子在选定的计算方案中得到支持。

5.1 模型转换

在第 3 章中介绍过，不同的推理引擎对模型信息的组织方式和模型文件的格式要求有所不同，所以会有**模型转换**的环节，即将原始模型适配成推理引擎需要的模型组织形式，并保存成文件。

以文件形式保存的模型信息包含两部分内容：神经网络的拓扑结构和权重数据。对 Web 平台来说，JSON 是一种非常友好的信息存储格式，可以用于描述复杂的数据结构。因此，一般前端推理引擎会将神经网络结构信息整合后保存在 JSON 文件中，并将权重数据保存在二进制文件中。

Paddle.js 框架中的 paddlejs-converter 模块（下文简称为 converter）是一个离线转换器，负责整合原始模型信息，并生成包含模型结构信息的 model.json 文件和包含权重数据的 chunk_*.dat 文件。

其中，权重数据文件名称中的"*"代表权重数据文件的序号（1,2,3,…），将原始数据按序号分割存储。之所以这样做，是因为当权重数据较多时，以单文件方式存储会带来加载性能问题，所以需要通过数据分片来并行加载数据，converter 默认的分片大小为 4096 KB。

下面仍以 converter 为例，介绍转换器的使用方法及原理。需要注意的是，此模块是对 Paddle 格式的原始模型进行转换，若原始模型是其他类型，则需要先使用第 3 章介绍的 X2Paddle 工具将目标模型转换成 Paddle 格式的模型，再使用 converter 进行模型转换。

> 提示：JSON（JavaScript Object Notation）是一种轻量级的数据交换格式，容易序列化与反序列化，在 JavaScript 中可以直接使用。

5.1.1　转换工具使用

converter 的转换过程是在离线环境下进行的，转换功能由 Python 脚本实现，所以先要准备好环境依赖再使用。

1. 环境依赖

环境依赖包括 Python 版本依赖和 Python 软件包依赖。

（1）Python 版本依赖。

可选 Python 版本如下。

- Python 2.7.15+。
- Python 3.5.1+/ 3.6/ 3.7。

> 提示：若 Python 是 3.x 版本，则可能要将后面执行命令中的 Python 替换成 Python 3。

开发环境可能需要安装多个版本的 Python，由于 Python 项目的依赖包会存在不同的版本，或只支持某些 Python 版本，因此建议使用 Python 虚拟环境工具，以避免这种复杂的依赖关系造成的环境冲突。本章以 Anaconda 工具为例，管理 Python 虚拟环境，安装及使用方法如下。

第一步，前往 Anaconda 主页，首先按照官方提示安装对应平台、对应 Python 版本的 Anaconda，然后在终端或命令行中通过一些简单的命令操作虚拟环境。

第二步，创建 Python 虚拟环境，执行以下代码。

```
conda create --name <your_env_name>
```

第三步，切换至已创建好的虚拟环境，执行以下代码。

```
#在 Linux 系统或 macOS 系统下执行
conda activate <your_env_name>
#在 Windows 系统下执行
activate <your_env_name>
```

（2）Python 软件包依赖。

由于 converter 调用了 PaddlePaddle 及 Paddle Lite 软件包，因此需要安装相应依赖，安装方法如下。

```
#如果需要使用优化模型的功能，或不知道是否需要使用这种功能，则要
安装 PaddlePaddle 和 Paddle Lite:
python -m pip install paddlepaddle paddlelite==2.10 -i
https://mirror.baidu.com/pypi/simple

#如果不需要使用优化模型的功能，则只需要安装 PaddlePaddle
python -m pip install paddlepaddle -i
https://mirror.baidu.com/pypi/simple
```

2．使用方法

在完成环境依赖安装后，就可以使用 converter 进行模型转换了。

（1）方式一。

首先，要确保已经从 GitHub 克隆了 Paddle.js 的代码库，进入 packages/paddlejs-converter 目录，运行 convertToPaddleJSModel.py 脚本。

Paddle 模型的权重数据文件有两种格式，一种为**合并参数**格式，即模型的全部权重数据都保存到一个文件中；另一种为**分片参数**格式，此时每个权重分片对应一个文件。

如果希望生成的推理模型为**合并参数**格式，则可以执行以下命令。

```
python convertToPaddleJSModel.py
--modelPath=<model_file_path>
--paramPath=<param_file_path>
--outputDir=<paddlejs_model_directory>
```

如果希望生成的推理模型为**分片参数**格式，则可以执行以下命令。

```
#注意，使用这种方式调用 converter 需要保证在 inputDir 中，模型文件名为'__model__'
python convertToPaddleJSModel.py
--inputDir=<model_directory>
--outputDir=<paddlejs_model_directory>
```

转换成功后，converter 会生成模型结构文件 model.json 及权重数据文件 chunk_*.dat。

converter 的详细参数描述如表 5-1 所示。

表 5-1　converter 的详细参数描述

参数	描述
-inputDir	Paddle 模型所在目录，当且仅当使用分片参数格式时使用该参数，将忽略-modelPath 和-paramPath 参数，且模型文件名必须为__model__
-modelPath	Paddle 模型文件所在路径，使用合并参数格式时使用该参数
-paramPath	Paddle 参数文件所在路径，使用合并参数格式时使用该参数
-outputDir	必选参数，Paddle.js 模型输出路径
-disableOptimize	是否关闭模型优化，1 为关闭优化，0 为开启优化（需要安装 Paddle Lite），默认开启优化
-logModelInfo	是否打印模型结构信息，0 为不打印，1 为打印，默认为不打印
-sliceDataSize	当分片输出 Paddle.js 参数文件时，每片文件的大小，单位为 KB，默认值为 4096

（2）方式二。

可以直接使用 Python 工具 paddlejsconverter 进行转换，参数使用情况与方式一中参数使用情况相同，调用命令如下。

```
paddlejsconverter --modelPath=user_model_path
--paramPath=user_model_params_path
--outputDir=model_saved_path
```

5.1.2 转换过程

5.1.1 节介绍了如何使用 converter，下面详细介绍模型转换的过程，如图 5-1 所示。

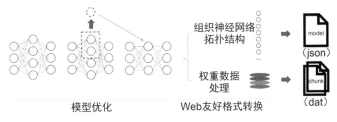

图 5-1 模型转换过程

1. 模型优化

模型优化是转换过程中可选的一环，对原始模型进行量化、子图融合、无效算子精简等优化，能够提升模型的推理性能。由于该优化过程涉及原始模型结构的变更，因此一般会放到离线转换的过程中使用。

converter 集成了 Paddle Lite 的 opt 工具以实现上述优化。下面以子图融合为例，介绍模型优化的过程。

子图融合是多种图优化操作的一种方式，它通过分析模型网络中相关的算子，进行算子重组和融合，以减少算子间的数据传递与调度开销，提高计算资源的利用率，缩短推理时间。

如图 5-2 所示，将 conv2d、batch_norm 和 ReLU 三个算子进行重组融合，生成新的融合算子 conv2d。

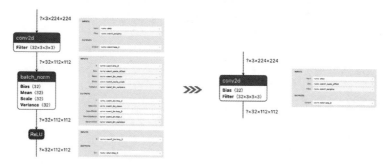

图 5-2　算子融合

模型优化完成后，opt 工具会生成新的模型文件，以替代原始模型文件。后续转换工作是基于新生成的模型文件进行的。

2．组织神经网络拓扑结构

神经网络模型是以计算单元为基本单位组成的，这些计算单元被称为算子（Operator，Op），5.2 节会对算子进行更为详细的介绍。对原始模型的网络拓扑结构进行信息提取、适配并保存为新的文件格式，如图 5-3 所示。

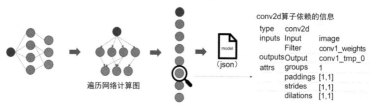

图 5-3　网络拓扑结构

- 遍历原始模型的网络计算图，获取每个算子的结构信息。
- 以算子为单位，提取推理过程中所必需的信息，包括输入/输出、计算过程依赖的属性，并生成 JSON Object。
- 生成以算子为单位的新的网络拓扑结构。
- 将新生成的网络拓扑结构信息写入 model.json 文件。

3．权重数据处理

权重数据是模型在训练阶段通过不断调优训练出来的，在推理阶段会参与到算子的执行过程中，权重数据处理如图 5-4 所示。

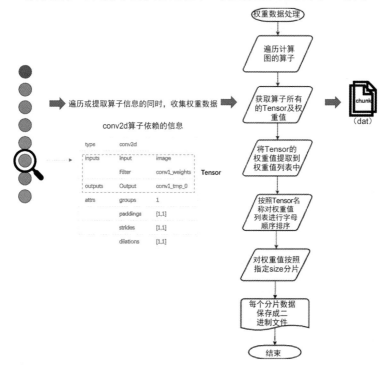

图 5-4　权重数据处理

- 遍历计算图的算子。
- 将每个算子的所有 Tensor 对应的权重值加入权重值列表。
- 对权重值按照相应 Tensor 的名称的字母顺序排序。
- 对排序后的权重值列表数据按照设定的分片阈值进行分片，默认分片阈值为 4096 KB。
- 将权重数据按分片结果保存成二进制文件。

至此，模型转换完成，转换产物是一个 model.json 文件和若干个 chunk_*.dat 二进制权重数据文件。

5.2　模型算子

5.1 节中提到，算子是神经网络模型计算的基本单位。本节将进入算子的世界，认识并学习如何开发一个算子，以应对前端推理引擎中选定的计算方案不支持某个算子的情况。

5.2.1　算子基本信息

算子是神经网络的计算单元，每一种算子都对应网络模型中的一种计算逻辑，如卷积层（Convolution Layer）是一种算子，全连接层（Fully-Connected Layer）也是一种算子，在网络模型中的 ReLU、Sigmoid 等激活函数也是算子。下面以卷积神经网络中最具代表性的算子 conv2d 为例，讲解算子信息的构成。图 5-5 所示为模型信息在 Netron 工具上呈现的可视化结果。Netron 导入模型后，会在界面上展示出如图 5-5 左侧所示的模型的拓扑结构。选择要查看的算子节点，如单击左侧圈出的 conv2d 算子节点，算子的类型、依赖的属性、输入/输出等详细信息会以表格的形式显示在界面右侧。

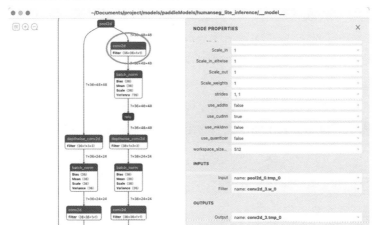

图 5-5　模型信息在 Netron 工具上呈现的可视化结果

算子有以下基本信息。

- type：算子的类型，此算子的类型（type）为 conv2d。
- data_format：算子数据的物理排布方式，在卷积神经网络中，数据通常用四维数组保存，data_format 指明了数据排布维度的顺序，常见的 data_format 为 NCHW 或 NHWC，AnyLayout 即默认排布方式为 NCHW。以 NCHW 为例，它的排列顺序为[batch, channels, height, width]，其中 N 表示数量，可以理解为这批图像有多少张；H 和 W 分别表示高度和宽度，即图像在竖直方向和水平方向的像素数目；C 表示通道数，如黑白图像的通道数（C）为 1，而 RGB 彩色图像的通道数（C）为 3。
- 算子计算中依赖的属性，如 fuse_relu、groups、dilations、paddings 和 strides 等。

- INPUTS、OUTPUTS：算子的输入/输出数据，用张量 Tensor 描述。一个 Tensor 包含了名称（name）、形状（shape）、数据类型（dtype）和数据排布格式（format）等属性。在绝大多数情况下，除第一层算子外，每个算子的输入会包含上一层算子的输出；除最后一层算子外，每个算子的输出又作为下一层算子的输入。一个算子可能有多个输入，也可能有多个输出。

基于这些基本信息，便可以定义每个算子的计算规则，从而在推理引擎中进行计算。

5.2.2　算子计算规则

仍以 conv2d 算子为例，讲解实现一个算子的思路。

要想实现算子的计算规则，先了解其原理。例如，conv2d 算子是用滤波器对输入图像进行卷积操作、提取特征的，是输出在宽和高两个空间维度上的表征，也叫**特征图**（Feature Map）。conv2d 算子计算的核心在于滤波器（Filter），把滤波器看成一个能在输入图像上滑动的小窗口，小窗口每滑动一次就将滤波器数据与小窗口对应的图像数据进行一次点乘运算，其结果作为新图像上的一个像素值。计算完成后，conv2d 算子的输出便作为下一个算子的输入继续参与运算。

假设有一个简化的 conv2d 算子，其数据信息如下：* input tensor：shape 为[1,1,5,5]；* filter tensor：shape 为[1,1,3,3]；* output tensor：shape 为[1,1,5,5]；* attributes：strides 为[1,1]，即步长为 1，小窗口每次滑动 1 个单位。

conv2d 算子的计算过程可视化如图 5-6 所示。

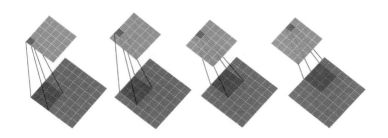

图 5-6　conv2d 算子的计算过程可视化

所以，可以把算子的输入看成一张图像，通过一定的计算规则，生成一张新的图像，作为当前算子的计算结果。

明确了算子的计算规则，就可以着手编程了，在前端推理引擎中开发算子。

5.3　算子开发与测试

由于不同计算方案的算法程序实现原理不同，因此这里以开发 WebGL 计算方案为例，介绍在 Paddle.js 中开发一个算子的全流程。

5.3.1　算子开发

1．明确属性与计算规则

首先在 Paddle 官网上查看算子的文档，了解其属性和功能。

以 concat 算子为例，该算子的计算规则是对所有的输入 Tensor 沿 axis 轴进行联结，返回一个新的输出 Tensor。concat 算子的主要属性如表 5-2 所示。

表 5-2　concat 算子的主要属性

参数	描述
x	待联结的 Tensor 列表
axis	对输入 x 进行运算的轴，默认值为 0

2．在前端推理引擎中实现

明确了算子的属性和计算规则，就可以在前端推理引擎中实现 concat 算子，方式如下。

（1）算法实现。

在计算方案对应的算子文件夹下新建算子文件，并编写算法代码，以实现算子的计算规则。为了方便介绍，需要对实现的 concat 算子进行简化。假设 concat 算子待联结的 Tensor 列表为 x 和 y，它们对应的 texture id 分别为 texture_x 和 texture_y，对应的 shader 代码如下。

```
/**
 *
 * @param axis 输入 x 进行运算的轴，默认值为 0
 * @param xShape 输入 Tensor x 对应的 Shape
 * @param outputShape 输出 Tensor out 对应的 Shape
 * @returns concat 算子的 Shader 字符串
 */
function mainFunc(axis, xShape, outputShape) {
// 计算输入 Tensor 在 axis 轴的维度
    const inputDim = xShape[axis];
    // 计算输出 Tensor 的 width、height、channel, 其
// 中 outputShape 对应 [batch, channel, height, width]
    const [, channel, height, width] = outputShape;
    return
    // 根据输入 Tensor 的位置取得对应像素值
    void main(void) {
```

```
// 获取输出 Tensor 的坐标
vec2 outCoord;
outCoord.x = vCoord.x * width;
outCoord.y = vCoord.y * height;
// 输入 Tensor 坐标系转输出 Tensor 坐标系
int height = ${height};
int width = ${width};
int channel = ${channel};
int r = int(outCoord.y / height);
int g = mod(outCoord.x, channel);
int b = mod(outCoord.y, height);
int a = int(outCoord.x / channel);
ivec4 oPos = ivec4(r, g, b, a);
float o = 0.0;
if (oPos[${axis}] > ${input_dim} - 1) {
    oPos[${axis}] = oPos[${axis}] - ${input
_dim};
        // 获取 y Tensor 在坐标 (r, g, b, a) 的值
        o = TEXTURE2D(texture_y,
            vec2(
                (float(a * int(${channel}) + g) +
0.5) / ${width}),
                (float(r * int(${height}) + b) +
0.5) / ${height})
            )
        );
    }
    else {
        // 获取 x Tensor 在坐标 (r, g, b, a) 的值
        o = TEXTURE2D(texture_x,
            vec2(
                (float(a * int(${channel}) + g)
+ 0.5) / ${width}),
```

```
                        (float(r * int(${height}) + b) +
0.5) / ${height})
                )
            );
        }
        // 输出
        gl_FragColor = o;
    }
    `
    ;
}
```

（2）算子注册。

在算子索引文件中添加引用，完成算子注册，代码如下。

```
// 新建的算子文件相对于索引文件的路径为./shader/concat
import concat from './shader/concat';

const ops = {
    // 索引文件中原有的算子
    concat
}

export {
    ops
};
```

5.3.2 算子测试

在开发完算子后，需要构造测试数据，编写算子的单元测试用例，以验证算子实现的正确性。

首先，在计算方案的 test/op/data 文件夹下新建以算子 type 为名称的 JSON 文件，手动构造算子的结构数据，如新建

concat.json 文件，代码如下。

```
{
    "ops": [
        {
            "attrs": {
                "axis": 3
            },
            "inputs": {
                "X": ["concat.tmp_0"],
                "Y": ["concat.tmp_1"]
            },
            "outputs": {
                "Out": ["concat.tmp_2"]
            },
            "type": "concat"
        }
    ],
    "vars": [
        {
            "data": [1, 2, 3, 4, 5, 6, 7, 8],
            "name": "concat.tmp_0",
            "shape": [1, 2, 2, 2]
        },
        {
            "data": [11, 12, 13, 14, 15, 16, 17, 18],
            "name": "concat.tmp_1",
            "shape": [1, 2, 2, 2]
        },
        {
            "data": [1, 2, 11, 12, 3, 4, 13, 14, 5, 6,
15, 16, 7, 8, 17, 18],
            "name": "concat.tmp_2",
            "shape": [1, 2, 2, 4]
```

```
        }
    ]
}
```

然后，在相应的 test/op/data 文件夹下新建测试用例，执行构造算子的推理过程，验证推理结果的正确性，用例代码如下。

```
import { Runner } from '@paddlejs/paddlejs-core';
import '@paddlejs/paddlejs-backend-webgl';

const opName = 'concat';
const modelDir = '/test/op/data/';
const modelPath = `${modelDir}${opName}.json`;

async function run() {
    // 初始化 Paddle.js 实例
    const runner = new Runner({
        modelPath,
        feedShape: {
            fw: 3,
            fh: 3
        },
        needPreheat: false
    });
    await runner.init();

    // 获取要执行的算子
    const executeOP = runner.weightMap[0];

    // 执行算子
    runner.executeOp(executeOP);

    // 得到算子的推理结果并验证,result 为[1, 2, 11, 12, 3,
    // 4, 13, 14, 5, 6, 15, 16, 7, 8, 17, 18]
```

```
    const result = await glInstance.read();
}

run();
```

至此，成功在 Paddle.js 的 WebGL 计算方案中添加了 concat 算子。在其他计算方案中添加相应的算子思路与此类似，可参考已有算子的实现来添加新算子。

5.4　总结

本章介绍了已有原始模型在进行前端推理前的准备环节。在离线 converter 中完成模型的**优化**与**转换**。首先通过量化、子图融合、混合调度、Kernel 优选和数据清理等**优化**方式，减小模型体积，加快推理速度。然后进行**模型转换**，生成前端推理引擎需要的特定格式的模型文件。Paddle.js 的 converter 会生成一个模型结构文件 model.json 和若干个权重数据文件 chunk_*.dat。**算子**是神经网络模型计算的基本单位，本章以卷积神经网络中的 conv2d 算子为例，介绍了算子的构成信息及对应的计算规则。检查前端推理引擎是否支持模型的全部算子，对不支持的算子进行开发。由于不同计算方案的算法程序实现原理不同，本章以 WebGL 计算方案为例，介绍了在 Paddle.js 中开发一个算子的全流程，包括明确算子的属性与计算规则、算子开发与测试。

第 6 章
模型前后处理

经过第 5 章的学习与实践，得到了一个转换后的模型可供推理，接下来结合模型的大小、对设备兼容性的要求和对推理性能的要求，为模型选择一个合适的计算方案，就可以进行模型推理了。其中，计算方案的选择会在第 8 章进行详细的介绍。在推理的前后，有两个不可省略的衔接环节——模型前处理和模型后处理。模型前处理环节负责将输入的数据适配成模型要求的格式，模型后处理环节针对不同的模型，将推理结果进一步处理成"有意义"的数据。

6.1 模型前处理

模型前处理并不是对模型本身进行处理，而是对输入模型的数据进行处理。数据可能是用户上传的一张图像，也可能是用户打开摄像机后在实时视频流中的一张图像，还可能是前一个模型的输出结果。

常见的 CV 模型应用可能会让用户上传一张图像或一段视频，也可能向用户申请权限，打开摄像头来获取视频流数据。先来看看如何获取这些媒体资源。

6.1.1 媒体资源获取

与图像相关的媒体资源，可通过用户上传获取图像文件，也可通过网络实时通信（Web Real-Time Communications，WebRTC）技术获取视频流，下面先分别详细介绍如何获取这两种媒体资源，再进一步说明如何处理获取到的数据。

1. 用户上传图像

想要在 Web 页面上获取到用户上传的图像，可在 HTML 代码中放置一个标签，用户通过单击该标签选择本地图像文件，或选择摄像机模式实时拍摄一张图像，可参考以下代码进行实践。

❶ 在 HTML 代码中放置一个标签并指定接收的文件格式。

```
<!-- 可打开系统的文件选择器，选择图像上传。由于 accept 的指定，
移动端会提供拍照和系统文件两种模式 -->
    <input type="file" accept="image/*" id="uploadImg">

    <!-- 如果在移动端只想支持摄像机拍照模式，屏蔽系统文件的选择，
则可以把 capture 属性设置为一个字符串 -->
    <input type="file" accept="image/*" id="uploadImg"
capture="camera">

    <!-- 想要调起前置摄像头，capture 属性设为 user-->
    <input type="file" accept="image/*" id="uploadImg"
capture="user">
```

```
<!-- 想要调起后置摄像头，capture 属性设为 environment-->
<input type="file" accept="image/*" id="uploadImg"
capture="environment">
```

❷ 在 JavaScript 代码中，完成文件上传事件的监听及处理，以获取图像内容。

```
// 获取 input DOM 元素
const input = document.getElementById('uploadImg');
// 监听上传文件变更的事件，在事件回调中完成图像数据的获取
input.onchange = function () {
    selectImage(this);
};

function selectImage(file) {
    // 判断文件是否存在
    if (!file.files || !file.files[0]) {
        return;
    }

    // 加载上传的文件
    const reader = new FileReader();
    reader.onload = function (evt) {
        // 构造 Image DOM 来获取图像文件内容
        const img = new Image();
        // 图像加载完成，可以直接使用 img 实例
        img.onload = function () {
        };

        if (evt.target && typeof evt.target.result ===
'string') {
            img.src = evt.target.result;
        }
```

```
    };
    reader.readAsDataURL(file.files[0]);
}
```

2. WebRTC 技术获取视频流

除了图像的获取，CV 模型常使用视频数据作为模型的输入，在 Web 中可使用 WebRTC 技术进行视频处理，并使用 getUserMedia API 从用户摄像头中获取视频流内容。

在 HTML 代码中添加标签，或者在 JavaScript 中创建 video DOM 对象，并将其插入 document 中。对 video 设置自动播放属性，以承载视频流内容。

```
// 检测是否存在 video DOM, 若不存在, 则创建
if (!document.getElementById('video')) {
    const vid = document.createElement('video');
    vid.setAttribute('id', 'video');
    vid.setAttribute('playsinline', 'true');
    vid.setAttribute('webkit-playsinline', 'true');
    vid.setAttribute('x-webkit-airplay', 'true');
    vid.setAttribute('preload', 'true');
    vid.setAttribute('autoplay', 'true');
    vid.setAttribute('auto-rotate', 'false');
    // 按需求设置 video 的宽和高
    vid.setAttribute('width', 640);
    vid.setAttribute('height', 720);
    document.body.appendChild(vid);
}
```

调起摄像头，获取视频流内容，示例代码如下。

```
const videoElement =
document.getElementById('video');
    videoElement.onloadeddata = () => {
```
❺

```
    // video 已经在播放摄像头的视频流数据了
};
checkWebrtc();                                              ❶
getUserMedia(                                               ❷
    {
        video: {
            width: 640
        }
    }
    success
);
// 检查是否可以使用 WebRTC
function checkWebrtc() {
    getUserMedia(
        {
            video: {
                width: 640
            }
        },
        () => {},
        () => {
            this.cannotRun = true;
            alert('不支持 webrtc');
        }
    );
}


// 选择 WebRTC 能用的 API
function getUserMedia(constraints, success, error):
void {
    if (navigator.mediaDevices.getUserMedia) {
        // 最新的标准 API
```

```
navigator.mediaDevices.getUserMedia(constraints).
then(success).catch(error);
    }
    else if (navigator.webkitGetUserMedia) {
        // Webkit 核心浏览器
        navigator.webkitGetUserMedia(constraints,
success, error);
    }
    else if (navigator.mozGetUserMedia) {
        // Firfox 浏览器
        navigator.mozGetUserMedia(constraints,
success, error);
    }
    else if (navigator.getUserMedia) {
        // 旧版 API
        navigator.getUserMedia(constraints, success,
error);
    }
}

// WebRTC 成功回调
function success(stream) {
    videoElement.srcObject = stream;                    ❸
    videoElement.play();                                ❹
}

// WebRTC 回调失败
function error() {
    console.log('摄像头获取失败');
}
```

❶ 判断是否支持 WebRTC。

❷ 通过 getUserMedia API 指定 constraints 约束。

❸ 在成功回调中，把获得的 stream 赋值给 video DOM 的 srcObject 属性。

❹ video DOM 对象调用 play 方法，监听 video 的 onloadeddata 事件。

❺ 在 onloadeddata 事件回调中，video 的内容即当下摄像头内容。video 可以设为可见，显示在页面上，也可以进行隐藏，不影响内容的获取。

3．媒体数据处理

视频内容的处理与图像的处理一致，常见的处理方式有数据排布转换、裁剪变换等，处理方式会在 6.1.2 节介绍。视频数据是 HTMLVideoElement 格式，可在 JavaScript 中直接获取 video 对象；图像数据是 HTMLImageElement 格式，可在 JavaScript 中获取相应的 image 对象。这两种格式都可通过 canvas 获取像素数据，也可当成在 WebGL 上下文中的 texture。

（1）获取像素数据。

利用 canvas，把 video 或 image 绘制到 canvas 画布上，进而获取像素数据。

```
// 创建 canvas
const canvas =
document.document.createElement('canvas');
// 获取 canvas 上下文
const cvsctx = canvas.getContext('2d');
// 获取 video 或 image 对象，此处以 video 为例
const video = document.getElementById('video');
// 获取 video 的宽和高
const videoH = video.height;
const videoW = video.width;
```

```
// 对 canvas 设置宽和高
canvas.height = videoH;
canvas.width = videoW;
// 绘制 video 数据
cvsctx.drawImage(video, 0, 0);
// 获取 canvas 画布的像素数据，也是当前视频帧的数据
const videoPixelData = cvsctx.getImageData(0, 0,
videoW, videoH);
```

（2）转化为 WebGL 上下文中的 texture。

如果后续的数据处理通过 WebGL 进行裁剪变换等操作，则可利用 WebGL 的 texImage2D API 直接将 video 或 image 作为 texture 来源。texImage2D 的接口如下。

```
// WebGL1:
void gl.texImage2D(target, level, internalformat,
format, type, HTMLImageElement? pixels);
void gl.texImage2D(target, level, internalformat,
format, type, HTMLVideoElement? pixels);
// WebGL2:
void gl.texImage2D(target, level, internalformat,
width, height, border, format, type, HTMLImageElement
source);
void gl.texImage2D(target, level, internalformat,
width, height, border, format, type, HTMLVideoElement
source);
```

6.1.2　输入数据处理

6.1.1 节提供了图像和视频流两种媒体资源的获取方法，由此可以得到图像与视频的数据，对它们进行适配处理，转换成符合模型要求的输入格式。

常见的输入数据的处理方式有数据排布转换、图像变换、取均值和归一化等。这里重点介绍数据排布转换和图像变换。

1. 数据排布转换

图像通道是指图像色彩的单色部分，图像的色彩由若干个单色通道共同组成。常见的通道有单通道，即一个像素点用一个数值来表示，单通道只能表示灰度。而在大家熟知的 RGB 模式中，图像被分解为红、绿、蓝三个通道，所以 RGB 三通道可以描述彩色图像。进一步地，四通道是在 RGB 的基础上添加了 alpha 通道，用来表示透明度。在 CV 模型推理时，常用 RGB 通道模式，通道数为 3，接下来以这种通道模式介绍数据排布的转换过程。

第 5 章介绍过算子数据的物理排布方式，即算子的 data_format 属性，常见的有 NCHW 和 NHWC 两种方式，以此来指明数据排布的维度顺序。

若以一张图像信息作为模型的输入，则该输入的 N 为 1，C 为 3，H 和 W 分别代表图像的高度和宽度。在媒体数据处理中，canvas 与 WebGL 对图像的处理都是按照[H, W, C]的维度顺序进行的。

当模型要求输入的 data_format 是 NCHW 时，需要转换成 NCHW 的排布，下面用函数 nhwc2nchw 来实现这一过程。

```
/**
 *
 * @param data 把图像像素数据按照[H, W, C]的维度顺序拉平成
一维数组
 * @param shape data 的排布方式，图像数据用四维数组表示，其
模式为[1, h, w, 3]
```

```
 * @returns 排布方式从 NHWC 转换至 NCHW 的一维数据结果
 */
function nhwc2nchw(data, shape) {
    const [N, H, W, C] = shape;
    const WC = W * C;
    const HWC = H * W * C;
    const nchwData = [];
    for (let n = 0; n < N; n++) {
        for (let c = 0; c < C; c++) {
            for (let h = 0; h < H; h++) {
                for (let w = 0; w < W; w++) {
                    nchwData.push(data[n * HWC + h * WC +
w * C + c]);
                }
            }
        }
    }
    return nchwData;
}
```

2. 图像变换

大部分模型的输入都会有固定的模式（shape）要求，以图像数据作为输入时，要根据目标模式，对图像进行缩放、裁剪和填充等适配。例如，假设模型的输入模式为[1,3,224,224]，而获取到的图像长为 1080 像素，宽为 720 像素，就需要把 1080 像素×720 像素的图像装入 224 像素×224 像素的目标区域。要进行的适配过程可能有以下情况。

（1）保留图像的全部信息。

用大家熟知的 CSS 的 background-size 属性值来类比，这种情况可类比于 contain，即尽可能地缩放图像并保持宽高比，使图像完全装入目标区域，此时目标区域会产生部分空白，用模型要求的颜色来填充。若无特殊要求，则可用白色或黑色填充。这种场景的图像变换与通过 JavaScript 实现 background-size: contain 的思路是一致的，对此内容熟悉的读者可跳过这部分。

```
/**
 * 以 contain 的方式缩放图像至目标尺寸并居中
 * @param image image DOM 对象
 * @param targetSize
 * @param targetSize.targetWidth 目标宽度
 * @param targetSize.targetHeight 目标高度
 * @param targetContext 处理图像的 canvas 上下文
 * @return {Array} 缩放后的图像像素数据
 */
fitWithContain(image, targetSize, targetContext) {
    // 原始图像宽和高
    const width = image.width;
    const height = image.height;
    // 目标区域宽和高
    const { targetWidth, targetHeight } = targetSize;

    // 计算目标区域与图像区域的宽高比
    const scale = targetWidth / targetHeight * height
/ width;
    let sw = targetWidth;
    let sh = targetHeight;
    let x = 0;
    let y = 0;

    if (scale > 1) {
        // 目标区域的宽高比较大，将图像宽度缩放至目标宽度
        sh = Math.round(height * sw / width);
        y = (sh - targetHeight) / 2;
```

```
    }
    else {
        // 图像的宽高比大，将图像高度缩放至目标高度
        sw = Math.round(sh * width / height);
        x = (sw - targetWidth) / 2;
    }

    // 绘制图像
    targetContext.canvas.width = sw;
    targetContext.canvas.height = sh;
    targetContext.drawImage(image, 0, 0, sw, sh);

    // 读取目标区域大小的图像信息
    const data = targetContext.getImageData(x, y,
targetWidth, targetHeight);
    return data;
}
```

（2）保留输入图像有效信息的宽高比。

保留输入图像有效信息的宽高比，可类比于 background-size: cover 的实现，尽可能地缩放图像并保持宽高比，使图像的全部宽或高覆盖目标区域。当目标区域和图像宽高比不同时，图像的上、下或左、右部分会被裁剪，部分图像信息会丢失，代码实现如下。

```
/**
 * 以 cover 的方式缩放图像至目标尺寸并居中
 * @param image image DOM 对象
 * @param targetSize
 * @param targetSize.targetWidth 目标宽度
 * @param targetSize.targetHeight 目标高度
 * @param targetContext 处理图像的 canvas 上下文
 * @param fillColor 填充色值
```

```
     * @return {Array} 缩放后的图像像素数据
     */
    fitWithCover(image, targetSize, targetContext,
fillColor) {
        // 原始图像的宽和高
        const width = image.width;
        const height = image.height;
        // 目标区域的宽和高
        const { targetWidth, targetHeight } = targetSize;
        this.targetContext.canvas.width = targetWidth;
        this.targetContext.canvas.height = targetHeight;
        this.targetContext.fillStyle = fillColor ||
'#fff';
        this.targetContext.fillRect(0, 0, targetHeight,
targetWidth);

        // 计算目标区域与图像区域的宽高比
        const scale = targetWidth / targetHeight * height
/ width;

        // 缩放后的宽和高
        let sw = targetWidth;
        let sh = targetHeight;
        let x = 0;
        let y = 0;
        if (scale > 1) {
            // 目标区域的宽高比较大，将图像高度缩放至目标高度
            sw = Math.round(width * sh / height);
            x = Math.floor((targetWidth - sw) / 2);
        }
        else {
            // 图像的宽高比较大，将图像宽度缩放至目标宽度
            sh = Math.round(height * sw / width);
```

```
        y = Math.floor((targetHeight - sh) / 2);
    }

    targetContext.drawImage(image, x, y, sw, sh);
    // 读取目标区域大小的图像信息
    const data = targetContext.getImageData(0, 0,
targetWidth, targetHeight);
    return data;
}
```

（3）拉伸图像宽和高以适应目标区域。

拉伸图像宽和高以适应目标区域，可类比于 background-size 直接指定宽和高的情况，按照目标区域的宽和高对图像进行伸缩处理。当目标区域和图像宽高比不同时，会改变图像的宽高比，而非依靠填充和裁剪，代码实现如下。

```
/**
 * 以 cover 的方式缩放图像至目标尺寸并居中
 * @param image image DOM 对象
 * @param targetSize
 * @param targetSize.targetWidth 目标宽度
 * @param targetSize.targetHeight 目标高度
 * @param targetContext 处理图像的 canvas 上下文
 * @return {Array} 缩放后的图像像素数据
 */
resize(image, targetSize, targetContext) {
    // 原始图像宽和高
    const width = image.width;
    const height = image.height;
    // 目标区域的宽和高
    const { targetWidth, targetHeight } = targetSize;

    // 绘制图像
```

```
    this.targetContext.canvas.width = targetWidth;
    this.targetContext.canvas.height = targetHeight;
    targetContext.drawImage(image, 0, 0, width,
height);
    // 读取目标区域大小的图像信息
    const data = targetContext.getImageData(0, 0,
targetWidth, targetHeight);
    return data;
  }
```

6.2　模型后处理

模型推理后输出的结果是有特定模式的数据，一般会以数组的形式组织。基于推理结果，要进一步处理才会变得有意义，供 AI 应用使用。

不同模型的后处理方法也不同，下面从目标分类、目标框选和目标分割来介绍。

6.2.1　目标分类

如第 4 章介绍的 1000 种物品分类的应用，使用 Mobilenet 模型对物品进行分类，推理结果是长度为 1000 的数组。数组中的每个值是预测输入图像属于每个物品类别的概率。如图 6-1 所示，获取推理结果中最大值所在的数组索引，根据索引从分类 Map 中找到对应的物品分类，这个分类就是输入的图像最有可能属于的物品类别。

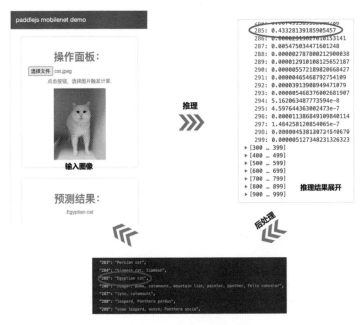

图 6-1　目标分类

6.2.2　目标框选

从图像中框选出特定目标是很常见的应用场景，如使用 yolo 模型框选出图像中的白猫、猫和动物等，可能是单目标或多目标的框选。这类场景的推理结果一般是一系列的框的坐标及其对应的置信度。可根据应用需要，结合置信度和框的相对面积，获取一个或多个框的位置。如图 6-2 所示，识别出图像中的人脸位置，可将置信度最高的框坐标作为单目标结果，也可将推理结果按照置信度从高到低排序,取前 10 个结果中面积最大的 5 个框作为多目标结果。

图 6-2　目标框选

6.2.3　目标分割

将目标从图像的背景中分离出来，如第 4 章介绍的人像分割应用。推理后会得到输入图像每个像素点的透明度，该值已被归一化为 0～1。由于每个单色通道值的取值范围为 0～255，因此需要将推理结果乘以 255，反归一化为 0～255，作为输入图像的 alpha 通道值，保存成 RGBA 格式的图像。这张图像非人像的部分的透明度接近于 0，如图 6-3 所示。将其作为前景，与任意背景图叠加，都会达到背景替换的效果。

图 6-3　目标分割

6.3 总结

本章介绍了推理前后的两个衔接环节——模型前处理和模型后处理。

模型前处理环节是对输入模型的数据进行处理。输入的数据可能是用户上传的一张**图像**，也可能是用户摄像机的**视频流**中的每张图像，还可能是前一个模型的输出结果。可从媒体数据中直接通过 canvas 获取到像素数据，也可作为在 WebGL 上下文中的 texture 进一步处理。不同模型对输入数据的处理方式不同，一般包括对输入图像进行伸缩、裁剪、填充变换、数据排布转换、取均值和归一化等处理。

模型后处理环节是对推理结果的进一步处理。推理结果可能是一堆看起来无意义的数据，针对不同模型使用不同的后处理方法，处理后再给 AI 应用使用。例如，**目标分类**模型需要从推理结果中计算出最大值所在的数组索引，根据索引从分类 Map 中找到对应的物品分类，作为输入图像最大概率的物品类别；**目标框选**模型需要对推理结果中的阈值排序获得置信度最高的框，进一步结合框的面积计算，取得置信度相对高且面积较大的框；**目标分割**模型需要推理出输入图像的透明度，转换为 alpha 通道值，并隐藏输入图像的非主体部分。

第 7 章
图像处理

计算机视觉在人们日常生活中的应用场景越来越多，如虚拟试妆、美颜滤镜、动态贴纸和绿幕特效等。这些效果的实现离不开前期 AI 的检测能力，也离不开后期复杂的图像处理，如美颜滤镜、妆容渲染等。第 1 章～第 6 章着重介绍了 AI 的相关功能，本章主要围绕滤镜实现介绍。

7.1　简单滤镜

第 6 章介绍了图像像素 ImageData，滤镜用于对像素数据进行相应的数学运算。CSS filter 属性常用于调整图像、背景和边框的渲染，目前有许多滤镜效果可供选择，如 grayscale（灰度）、blur（模糊）、sepia（棕褐色）、saturation（饱和度）、brightness（亮度）、contrast（对比度）、hue-rotate（色相旋转）和 inverted（反相）。接下来，将从简单的滤镜实现讲起，介绍如何使用 JavaScript 实现滤镜效果。

7.1.1　灰度

CSS 函数 grayscale(amount)将输入图像转换为灰度效果，如图 7-1 所示。转换数量值 amount 可以为百分比或数字，100%（1）表示完全灰度，0%（0）表示保持不变，0%～100%表示对效果的线性倍增。amount 的默认值是 1，插值的初始值是 0。

```
// css demo
filter: grayscale(0);      /* No effect */
filter: grayscale(50%);    /* 50% grayscale */
filter: grayscale(1);      /* Completely grayscale */
```

filter: grayscale(0)　　filter: grayscale(50%)　　filter: grayscale(1)

图 7-1　CSS grayscale() 灰度滤镜效果（彩色图片见彩插图 7-1）

RGB 值和灰度的转换一般是将图像 RGB 三个通道值设置为相同值。由于人眼对 RGB 颜色的敏感度并不相同，因此三个通道值的权重并不一致，应用较广的转换公式为

$$R = G = B = 0.299R + 0.587G + 0.114B$$

在 chromium 源码中，grayscale filter 代码如下。

```
void GetGrayscaleMatrix(float amount, float
matrix[20]) {
    // Note, these values are computed to ensure
    // MatrixNeedsClamping is false
    // for amount in [0..1]
```

```
    matrix[0] = 0.2126f + 0.7874f * amount;
    matrix[1] = 0.7152f - 0.7152f * amount;
    matrix[2] = 1.f - (matrix[0] + matrix[1]);
    matrix[3] = matrix[4] = 0.f;
    matrix[5] = 0.2126f - 0.2126f * amount;
    matrix[6] = 0.7152f + 0.2848f * amount;
    matrix[7] = 1.f - (matrix[5] + matrix[6]);
    matrix[8] = matrix[9] = 0.f;
    matrix[10] = 0.2126f - 0.2126f * amount;
    matrix[11] = 0.7152f - 0.7152f * amount;
    matrix[12] = 1.f - (matrix[10] + matrix[11]);
    matrix[13] = matrix[14] = 0.f;
    matrix[15] = matrix[16] = matrix[17] = matrix[19]
= 0.f;
    matrix[18] = 1.f;
  }

  GetGrayscaleMatrix(1.f - op.amount(), matrix);
  image_filter = CreateMatrixImageFilter(matrix,
std::move(image_filter));
```

可知，当 op.amount()值为 1 时，转换矩阵为

$$\begin{bmatrix} 0.2126 & 0.7152 & 0.0722 & 0 & 0 \\ 0.2126 & 0.7152 & 0.0722 & 0 & 0 \\ 0.2126 & 0.7152 & 0.0722 & 0 & 0 \\ 0 & 0 & 0 & 1 & 0 \end{bmatrix}$$

则转换公式为

$$R = G = B = 0.2126R + 0.7152G + 0.0722B$$

采取 chromium 的灰度权重矩阵，JavaScript 核心代码实现如下。

```
// grayscale(1) filter
function grayscaleFilter(r: number, g: number, b:
```

```
number): number {
    return r * 0.2126 + g * 0.7152 + b * 0.0722;
}

// imgdata convertion
function convert(imageData) {
    const length = imageData.data.length / 4;
    for (let index = 0; index < length; index++) {
        const gray =
grayscaleFilter(imageData.data[index * 4 + 0],
imageData.data[index * 4 + 1], imageData.data[index * 4 +
2]);
        imageData.data[index * 4 + 0] = gray;
        imageData.data[index * 4 + 1] = gray;
        imageData.data[index * 4 + 2] = gray;
    }
}
```

7.1.2　色相旋转

　　CSS 函数 hue-rotate(amount)可以旋转输入图像的色相。
amount 可以为角度（deg），也可以为 CSS 的单位，如圈数（turn）、
弧度（rad）等。amount 没有最大值和最小值，0 表示保持不变，
正值旋转为色相增加，负值旋转为色相减少，插值的间隙值为 0。

```
// css demo
filter: hue-rotate(-90deg)      /* Same as 270deg
rotation */
filter: hue-rotate(0deg)        /* No effect */
filter: hue-rotate(90deg)       /* 90deg rotation */
filter: hue-rotate(0.5turn)     /* 180deg rotation */
filter: hue-rotate(405deg)      /* Same as 45deg
```

```
rotation */
```

CSS hue-rotate()色相旋转滤镜效果如图 7-2 所示。

filter: hue-rotate(0deg)   filter: hue-rotate(90deg)   filter: hue-rotate(180deg)

图 7-2   CSS hue-rotate()色相旋转滤镜效果（彩色图片见彩插图 7-2）

在 chromuim 源码的 render_surface_filters.cc 文件中查找到关于 hue-rotate filter 的实现，核心代码如下。

```
// constexpr float kPiFloat = 3.14159265358979323846f;

void GetHueRotateMatrix(float hue, float matrix[20])
{
    float cos_hue = cosf(hue * base::kPiFloat / 180.f);
    float sin_hue = sinf(hue * base::kPiFloat / 180.f);
    matrix[0] = 0.213f + cos_hue * 0.787f - sin_hue *
0.213f;
    matrix[1] = 0.715f - cos_hue * 0.715f - sin_hue *
0.715f;
    matrix[2] = 0.072f - cos_hue * 0.072f + sin_hue *
0.928f;
    matrix[3] = matrix[4] = 0.f;
    matrix[5] = 0.213f - cos_hue * 0.213f + sin_hue *
0.143f;
    matrix[6] = 0.715f + cos_hue * 0.285f + sin_hue *
0.140f;
    matrix[7] = 0.072f - cos_hue * 0.072f - sin_hue *
0.283f;
```

```
    matrix[8] = matrix[9] = 0.f;
    matrix[10] = 0.213f - cos_hue * 0.213f - sin_hue *
0.787f;
    matrix[11] = 0.715f - cos_hue * 0.715f + sin_hue *
0.715f;
    matrix[12] = 0.072f + cos_hue * 0.928f + sin_hue *
0.072f;
    matrix[13] = matrix[14] = 0.f;
    matrix[15] = matrix[16] = matrix[17] = 0.f;
    matrix[18] = 1.f;
    matrix[19] = 0.f;
  }

  GetHueRotateMatrix(op.amount(), matrix);
  image_filter = CreateMatrixImageFilter(matrix,
std::move(image_filter));
```

在 JavaScript 中实现 hue-rotate filter 的核心代码如下。

```
function getHueRotateMatrix(deg = 0) {
    const cosHue = Math.cos(deg / 180 * Math.PI);
    const sinHue = Math.sin(deg / 180 * Math.PI);
    return [
        0.213 + cosHue * 0.787 - sinHue * 0.213,
        0.715 - cosHue * 0.715 - sinhue * 0.715,
        0.072 - cosHue * 0.072 + sinHue * 0.928,
        0, 0,
        0.213 - cosHue * 0.213 + sinHue * 0.143,
        0.715 + cosHue * 0.285 + sinHue * 0.140,
        0.072 - cosHue * 0.072 - sinHue * 0.283,
        0, 0,
        0.213 - cosHue * 0.213 - sinHue * 0.787,
        0.715 - cosHue * 0.715 + sinHue * 0.715,
        0.072 + cosHue * 0.928 + sinHue * 0.072,
        0, 0,
```

```
        0, 0, 0, 1, 0
    ];
}

// 色相旋转的 VertexShader 代码
const hueRotateVertexShader = `#version 300 es
    in vec4 position;
    out vec2 vCoord;

    void main() {
        vCoord.x = (position.x + 1.0) / 2.0;
        vCoord.y = (position.y + 1.0) / 2.0;
        gl_Position = position;
    }
`;

// 色相旋转的 FragmentShader 代码
const hueRotateFragmentShader = `#version 300 es
    precision highp float;
    uniform sampler2D texture;
    uniform float matrix[20];
    in vec2 vCoord;
    out vec4 outColor;

    void main() {
        vec4 out4 = texture(texture, vCoord);
        out4.r = matrix[0] * out4.r + matrix[1] * out4.g +
matrix[2] * out4.b + matrix[3] * out4.a + matrix[4];
        out4.g = matrix[5] * out4.r + matrix[6] * out4.g +
matrix[7] * out4.b + matrix[8] * out4.a + matrix[9];
        out4.b = matrix[10] * out4.r + matrix[11] *
out4.g + matrix[12] * out4.b + matrix[13] * out4.a +
matrix[14];
```

```
        outColor = out4;
    }
    `

    ;

    ...


    // 创建 Float32Array 矩阵
    const hueRotateMatrix = new
Float32Array(getHueRotateMatrix(deg));
    // 获取 Uniform 相关变量地址
    const matrixLoc = gl.getUniformLocation(program,
'matrix');
    // 通过获取的地址设置 uniform 矩阵的数值
    gl.uniform1fv(matrixLoc, hueRotateMatrix);
```

7.2　美颜效果

7.2.1　美白滤镜

美白滤镜的算法有很多,本节介绍以 LUT 滤镜方式实现美白滤镜。

1. LUT

颜色查找表(Lookup Table,LUT)用来描述一个预先确定的数字阵列,为特定的计算提供一种快捷方式。在调色应用中,特定的 LUT 可以将颜色输入值快速转换为所需的颜色输出值。LUT 主要分为 1D LUT 和 3D LUT。

1D LUT 颜色值 R、G、B 之间是相互独立的,一个特定的

R（或 G、B）输入值都有特定的输出值。1D LUT 部分转换举例如表 7-1 所示。

表 7-1　1D LUT 部分转换举例

R in	R out	G in	G out	B in	B out
0	0	0	1	0	0
1	1	1	3	1	2
2	2	2	5	2	4
3	3	3	7	3	6
4	4	4	9	4	8

注，in 表示输入；out 表示输出。

如果某像素的 RGB 输入值是(1,3,1)，则经过 1D LUT 转换后的输出值为(1,7,2)；如果 R 值变为 3，RGB 输入值为(3,3,1)，则输出值为(3,7,2)，G 和 B 的输出值保持不变。可见，RGB 三个通道之间相互独立，因此，1D LUT 只能控制图像的曲线、RGB 平衡和白场。

3D LUT 颜色值 R、G、B 之间相互影响，每个像素的 RGB 三通道输入值组合对应一个特定 RGB 输出值组合。3D LUT 部分转换举例如表 7-2 所示。

表 7-2　3D LUT 部分转换举例

in			out		
R	G	B	R	G	B
0	0	0	0	0	0
0	0	1	0	1	0
0	0	2	0	3	2
0	1	0	1	2	1
0	1	1	1	3	4

注，in 表示输入；out 表示输出。

如果某像素的 RGB 输入值是(0,0,0)，则经过 3D LUT 转换后的输出值为(0,0,0)；如果 RGB 输入值为(0,1,0)，则经过 3D LUT 转换后的输出值为(1,2,1)。RGB 三个通道之间相互关联，可以对图像中的特定颜色值有更多的控制。

3D LUT 的存储是映射后的 RGB 数据，可以将数据存储在一张图像中，美白 3D LUT 如图 7-3 所示。

图 7-3　美白 3D LUT（彩色图片见彩插图 7-3）

这种 LUT 的分辨率为 512 像素×512 像素，由 64 个 64×64 颜色的正方形组成，所以它能表达 64×64×64=262144 个颜色值。64 个正方形的 B 值从 0～255 递增，每个正方形的 B 值固定；每个正方形 X 轴表示 R 值从 0～255 递增，Y 轴表示 G 值从 0～255 递增。第一个正方形的 B 值为 0，所以任意一点颜色值为(R, G ,0)，最后一个正方形的 B 值最大，所以蓝色明显，如图 7-4 所示。

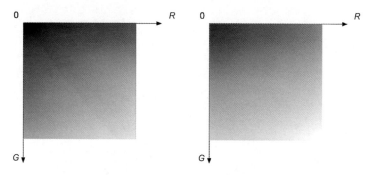

图 7-4　美白 3D LUT 第一个正方形和最后一个正方形
（彩色图片见彩插图 7-4）

2. 美白 3D LUT Shader 实现

```
// lutFragmentShader
const lutFragmentShader = `#version 300 es
    precision highp float;
    varying vec2 vUv;
    uniform sampler2D texture;
    uniform sampler2D inputTexture;
    uniform float intensity;

    void main() {
        highp vec4 textureColor = texture(texture, vUv);
        highp float blueColor = textureColor.b * 63.0;
        highp vec2 quad1;
        quad1.y = floor(floor(blueColor) / 8.0);
        quad1.x = floor(blueColor) - (quad1.y * 8.0);
        highp vec2 quad2;
        quad2.y = floor(ceil(blueColor) / 8.0);
        quad2.x = ceil(blueColor) - (quad2.y * 8.0);
        highp vec2 texPos1;
        texPos1.x = (quad1.x * 0.125) + 0.5/512.0 +
((0.125 - 1.0/512.0) * textureColor.r);
```

```
        texPos1.y = (quad1.y * 0.125) + 0.5/512.0 +
((0.125 - 1.0/512.0) * textureColor.g);
        highp vec2 texPos2;
        texPos2.x = (quad2.x * 0.125) + 0.5/512.0 +
((0.125 - 1.0/512.0) * textureColor.r);
        texPos2.y = (quad2.y * 0.125) + 0.5/512.0 +
((0.125 - 1.0/512.0) * textureColor.g);
        lowp vec4 newColor1 = texture(inputTexture,
texPos1);
        lowp vec4 newColor2 = texture(inputTexture,
texPos2);
        lowp vec4 newColor = mix(newColor1, newColor2,
fract(blueColor));
        gl_FragColor = mix(textureColor,
vec4(newColor.rgb, textureColor.w), 0.9);
    }
`;
```

7.2.2   磨皮滤镜

　　磨皮滤镜的核心是抹掉皮肤上的瑕疵，让肤色过渡自然，使皮肤整体看起来平滑干净。磨皮算法可以看作降噪算法的应用，主要思想是对图像中每个像素点的邻域像素进行加权平均，作为该像素点滤波后的值。降噪算法有很多，如高斯滤波（Gaussian filter）、均值滤波（Mean filter）、中值滤波（Median filter）和双边滤波（Bilateral filter）等。不同滤波算法产生的效果不同，如图 7-5 所示。

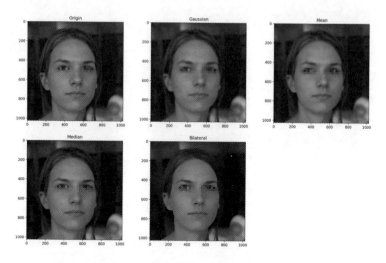

图 7-5　不同滤波算法产生的效果（人像由 GAN 生成）

可以使用 opencv-python 快速体验，核心代码如下。

```
import cv2
import matplotlib.pyplot as plt

#read origin img
img = cv2.imread('./img/origin.jpeg')
#change bgr 2 rgb
img = cv2.cvtColor(img, cv2.COLOR_BGR2RGB)

#Gaussian filter
img_Gaussian = cv2.GaussianBlur(img, (35, 35), 25)
#Mean filter
img_mean = cv2.blur(img, (35, 35))
#Median filter
img_median = cv2.medianBlur(img, 25)
#Bilateral filter
img_bilater = cv2.bilateralFilter(img, 100, 55, 55)
```

```
titles = ['Origin','Gaussian', 'Mean', 'Median',
'Bilateral']
imgs = [img, img_Guassian, img_mean, img_median,
img_bilater]

#show img
for i in range(5):
    plt.subplot(2, 3, i + 1)
    plt.imshow(imgs[i])
    plt.title(titles[i])

plt.show()
```

由图 7-5 可知，双边滤波（Bilateral filter）效果最佳，其他滤波算法均使图像边缘变得十分模糊。

1. 双边滤波器

维基百科中双边滤波器的定义如下。

A bilateral filter is a non-linear, edge-preserving, and noise-reducing smoothing filter for images. It replaces the intensity of each pixel with a weighted average of intensity values from nearby pixels. This weight can be based on a Gaussian distribution. Crucially, the weights depend not only on Euclidean distance of pixels, but also on the radiometric differences (e.g., range differences, such as color intensity, depth distance, etc.). This preserves sharp edges.

从定义来看，双边滤波器是一种非线性、保留边缘、降低噪声的图像平滑滤波器，采用了基于高斯分布的加权平均算法。权重不仅取决于像素的欧氏距离，还取决于像素值差异，这样便可在降低噪声的同时保留原有边缘。

双边滤波器的公式：

$$I^{\text{filtered}}(x) = \frac{1}{W_p} \sum_{x_i \in \Omega} I(x_i) f_r\left(\| I(x_i) - I(x) \|\right) g_s\left(\| x_i - x \|\right)$$

式中，$f_r\left(\| I(x_i) - I(x) \|\right)$ 为像素值权重；$g_s\left(\| x_i - x \|\right)$ 为像素欧氏距离权重。

2．双边滤波器 Shader 实现

```
const vertexShader = `#version 300 es
in vec4 position; // [-1.0, 1.0, -1.0, -1.0, 1.0, 1.0,
1.0, -1.0]
out vec2 vCoord;

void main() {
    vCoord.x = (position.x + 1.0) / 2.0;
    vCoord.y = (position.y + 1.0) / 2.0;
    gl_Position = position;
}
`;


// 参考 shadertoy Bilateral filter:
// https://www.shadertoy.com/view/4dfGDH#
const fragmentShader = `#version 300 es
#ifdef GL_FRAGMENT_PRECISION_HIGH
    precision highp float;
    precision highp int;
#else
    precision mediump float;
    precision mediump int;
#endif

#define SIGMA 10.0
#define MSIZE 15
```

```
#define BSIGMA 0.1

in vec2 vCoord;
out vec4 outColor;

uniform sampler2D inputTexture;
uniform vec2 inputTextureSize;

float normpdf(float x, float sigma) {
    return 0.39894 * exp(-0.5 * x * x / (sigma * sigma))
/ sigma;
}

float normpdf3(vec3 v, float sigma) {
    return 0.39894 * exp(-0.5 * dot(v, v) / (sigma *
sigma)) / sigma;
}


void main() {
    vec3 c = texture2D(inputTexture, vCoord).rgb;
    int kSize = (MSIZE - 1) / 2;
    float kernel[MSIZE];
    vec3 final_color = vec3(0.0);
    float Z = 0.0;
    //创建 1D 卷积
    for (int j = 0; j <= kSize; ++j) {
        kernel[kSize+j] = kernel[kSize - j] =
normpdf(float(j), SIGMA);
    }

    vec3 cc;
    float factor;
```

```
    float bZ = 1.0 / normpdf(0.0, BSIGMA);
    // 读取纹理元素
    for (int i=-kSize; i <= kSize; ++i) {
        for (int j=-kSize; j <= kSize; ++j) {
            cc = texture2D(inputTexture, vCoord.xy +
vec2(float(i), float(j)) / inputTextureSize.xy).rgb;
            factor = normpdf3(cc - c, BSIGMA) * bZ *
kernel[kSize + j] * kernel[kSize + i];
            Z += factor;
            final_color += factor * cc;
        }
    }
    outColor = vec4(final_color / Z, 1.0);
}
`;
```

7.2.3 瘦脸滤镜

瘦脸滤镜是美颜应用的基础功能，将脸颊两侧的轮廓位置向内拉伸，以达到瘦脸的效果。应用瘦脸滤镜后，脸型更趋向于瓜子脸，如图 7-6 所示。

原图   瘦脸后

图 7-6 应用瘦脸滤镜后的效果（人像由 GAN 生成）

瘦脸功能是脸颊位置向面部中心方向的拉伸。假设从脸颊边缘上的原点 O 向面部中心区域的目标点 t 进行拉伸，拉伸强度为 R，那么拉伸方向可以表示为 $v = t-O$。这种拉伸可以用图 7-7 表示，以原点 O 为圆心，拉伸强度 R 为半径画一个圆，拉伸后的位置为 t。

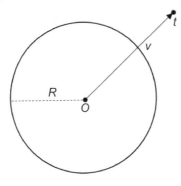

图 7-7　拉伸方法示意

1．拉伸算法

接下来探讨拉伸算法。拉伸要实现的效果是圆内的像素位置都朝拉伸方向移动，并且离原点 O 越近，偏移的距离越大，在圆的边界上，这种拉伸的作用力为 0。因此，这种拉伸关系可以表示为拉伸后的坐标 t=原点坐标 O－拉伸方向 v×变形函数×变形强度 range。变形函数要具备的特性是离原点越近，作用力越大，离原点越远，作用力越小，在圆的边界及边界外不受影响。

符合上述效果的变形函数有很多种，这里给出一种比较简单的、可实现瘦脸效果的变形函数。取图像内的任意一像素位置 p。变形函数在代码中可表示为(1- distance(p, O)/ distance(t, O))* v * range，所以变形后的像素位置为原点坐标 O－拉伸方向

$v×$变形函数，在代码中表示为 O-(1- distance(p, O)/ distance(t, O))* v * range。用 WebGL Shader 实现的拉伸算法如下。

```
/**
 * 实现拉伸算法
 * @param uv 图像上的像素点坐标
 * @param originPoint 预设的原点坐标
 * @param targetPoint 预设的目标点坐标
 * @param range 拉伸强度
 */
vec2 shrink(vec2 uv, vec2 targetPoint, vec2
targetPoint, float range) {
    vec2 direction = originPoint - targetPoint;
    float dist = distance(uv, targetPoint);
    vec2 point = targetPoint + smoothstep(0., 1., dist
/ range) * direction;
    return uv - originPoint + point;
}
```

2. 瘦脸功能

已知拉伸的原点、目标点和拉伸强度，可计算出图像内面部区域像素点拉伸后的位置，常见的瘦脸功能有手动调整和自动美化。

（1）手动调整（在常见的可交互式编辑工具中）。对人脸两颊及下巴进行手动拉伸以达到瘦脸效果。例如，从某原点 O 向目标点 t 拉伸后松手，此时的初始位置即拉伸算法中的原点 O，停留位置即目标位置 t，通过拉伸强度 range 控制瘦脸的强度。所以，手动调整通过手动拉伸的动作来定义原点 O 与目标点 t。

（2）自动美化。需要结合人脸识别，检测出面部关键点的位置信息，根据面部关键点构建出几组原点与目标点的拉伸组合。假设已有一个能够检测人脸 72 个关键点的 SDK，如图 7-8 所示，分别取面部第 2、3、4、5、6、7、8、9、10 关键点作为原点，取第 57 关键点作为目标点，这样就构成了(原点 O, 目标点 t)分别为(2,57)、(3,57)、(4,57)、(5,57)、(6,57)、(7,57)、(8,57)、(9,57)、(10,57)的 9 个拉伸组合。

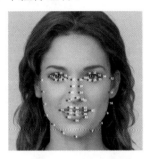

图 7-8　人脸 72 个关键点检测效果

```
/**
 * 生成 9 组(原点 O, 目标点 t)的组合
 * @params landmarks 包含关键点坐标信息的数组，将关键点的 x、
y 坐标按照索引顺序排列，形如[x₀, y₀, x₁, y₁, x₂, y₂, …, x₇₁, y₇₁]
 * @params w 输入图像的宽度
 * @params h 输入图像的高度
 */
function genPoints(landmarks, w, h) {
  const keyPoints = [
    landmarks[2 * 2] / w, 1 - landmarks[2 * 2 + 1] / h,
    landmarks[3 * 2] / w, 1 - landmarks[3 * 2 + 1] / h,
    landmarks[4 * 2] / w, 1 - landmarks[4 * 2 + 1] / h,
    landmarks[5 * 2] / w, 1 - landmarks[5 * 2 + 1] / h,
    landmarks[6 * 2] / w, 1 - landmarks[6 * 2 + 1] / h,
    landmarks[7 * 2] / w, 1 - landmarks[7 * 2 + 1] / h,
    landmarks[8 * 2] / w, 1 - landmarks[8 * 2 + 1] / h,
    landmarks[9 * 2] / w, 1 - landmarks[9 * 2 + 1] / h,
```

```
        landmarks[10 * 2] /w, 1 - landmarks[10 * 2 + 1] / h
    ];
    return keyPoints;
}
```

根据已有的关键点检测结果，得到构建的拉伸组合，就能实现自动瘦脸的滤镜，可参考 WebGL Shader 代码如下。

```
precision mediump float;
varying vec2 v_texCoord;
uniform sampler2D u_texture;
uniform float u_range;
uniform float u_strength;
uniform vec2 u_facePoint[9];

void main () {
    vec2 faceIndexs[9];
    float u_strength_x = u_strength;
    float u_strength_y = u_strength / float(2.0);
    faceIndexs[0] = vec2(u_strength_x, u_strength_y);
    faceIndexs[1] = vec2(u_strength_x, u_strength_y);
    faceIndexs[2] = vec2(u_strength_x, u_strength_y);
    faceIndexs[3] = vec2(u_strength_x, u_strength_y);
    faceIndexs[4] = vec2(.0, u_strength_y);
    faceIndexs[5] = vec2(-u_strength_x, u_strength_y);
    faceIndexs[6] = vec2(-u_strength_x, u_strength_y);
    faceIndexs[7] = vec2(-u_strength_x, u_strength_y);
    faceIndexs[8] = vec2(-u_strength_x, u_strength_y);
    vec2 texCoord = v_texCoord;
    for (int i = 0; i < 9; i++) {
        vec2 point = u_facePoint[i];
        // shrink 参考拉伸算法的实现代码
        texCoord = shrink(texCoord, point,
faceIndexs[i], u_range);
```

```
    }
    gl_FragColor = texture2D(u_texture, texCoord);
}
```

7.2.4　大眼滤镜

大眼滤镜作为美颜的基础功能之一，已经成了美颜滤镜的默认选项。应用大眼滤镜后的效果如图 7-9 所示。

原图　　　　　　　　　　大眼后

图 7-9　应用大眼滤镜后的效果

大眼是将眼部区域向外扩大。与瘦脸滤镜算法类似，定义这种缩放同样需要设定缩放原点 O 与拉伸强度 range。在图 7-10 中，选择眼部中心原点 O 为圆心，缩放半径为 R，对圆内的任意一点 m，在缩放因子 k 的作用下向外扩大至点 n。

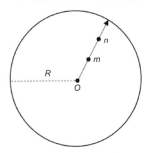

图 7-10　缩放方法示意图

1．缩放算法

眼部放大后的坐标可表示为 t＝原点坐标 O＋拉伸方向 v×缩放因子 k，这里同样给出一种比较简单的、可实现大眼效果的缩放因子实现。

❶ 眼部区域内取点 p 与原点 O 的距离在代码中表示为 dist = distance(p, O)。

❷ 缩放因子在代码中表示为 k = 1.0 － (1.0 － dist2 / radius2) * range，其中缩放因子取值为 (0, 1]。

输入眼部的中心坐标（center）、圆的半径（radius）、缩放强度（range），可实现以下缩放算法，计算出眼部区域坐标 uv 放大之后的像素位置。

```
/**
 * 实现缩放算法
 * @param uv 图像上的像素点坐标
 * @param center 预设的中心点坐标
 * @param radius 预设的圆半径
 * @param range 拉伸强度
 */
vec2 inflate(vec2 uv, vec2 center, float radius, float range){
    float dist = distance(uv, center);
    vec2 direction = normalize(uv - center);
    float scale = 1 - (1 - * smoothstep(0., 1., dist / radius)) * range;
    float newPos = dist * scale;
    return center + newPos * direction;
}
```

2. 大眼功能

与瘦脸滤镜一样，大眼滤镜也分为手动调整和自动美化两种。有了缩放算法，无论是手动调整还是自动美化，其关键都在于计算原点坐标、半径和缩放强度。

（1）手动调整（在常见的可交互式编辑工具中）。在手动调整模式下，用户从眼部区域的某个位置移向另一个位置，初始位置即拉伸算法中的原点 O，停留位置 t 与原点 O 的距离为圆的半径（radius），通过缩放强度（range）控制大眼的强度。

（2）自动美化。同样需要结合人脸识别，检测出眼部关键点的位置信息。以如图 7-8 所示的人脸 SDK 提供的人脸 72 个关键点信息为例，分别取第 71 关键点和第 72 关键点作为左眼和右眼的中心点，取第 61 关键点和第 64 关键点距离的一半作为圆的半径（radius），缩放强度（range）可根据效果调节，默认为 1。

```
/**
 * 分别计算左眼中心点、右眼中心点、缩放半径
 * @params landmarks 人脸关键点检测 SDK 识别出的 72 个关键
点坐标信息
 * @params w 输入图像的宽度
 * @params h 输入图像的高度
 */
function genPoints(landmarks, w, h) {
    const leftEyeCenterPos = getCoord(landmarks, w, h,
71);
    const rightEyeCenterPos = getCoord(landmarks, w, h,
72);
    const radius = (getCoord(landmarks, w, h, 64)[1] -
getCoord(landmarks, w, h, 61)[1]) / 2;
}
```

有了原点（center）、圆的半径（radius）和缩放强度（range）的计算规则，结合缩放算法，实现大眼滤镜的 WebGL Shader 代码如下。

```
precision mediump float;
// 图像坐标
varying vec2 v_texCoord;
// 图像纹理
uniform sampler2D u_texture;
// 左右眼的坐标点
uniform vec2 u_leftEyeCenterPos;
uniform vec2 u_rightEyeCenterPos;
// 作用范围
uniform float u_radius;
// 作用强度
uniform float u_range;

void main () {
    // inflate 参考缩放算法的实现
    vec2 t1 = inflate(v_texCoord, u_leftEyeCenterPos,
u_radius, u_range);
    vec2 t2 = inflate(t1, u_rightEyeCenterPos,
u_radius, u_range);
    gl_FragColor = texture2D(u_texture, t2);
}
```

7.3 总结

本章介绍了一些常见的滤镜实现。简单滤镜主要包括灰度和色相旋转，分别介绍了两个滤镜的 CSS 函数实现及 WebGL Shader 实现。美颜效果主要包括最基本的美白滤镜、磨皮滤镜、瘦脸滤镜和大眼滤镜。美白滤镜算法通过 LUT 实现，磨皮滤镜算法通过双边滤波器实现。瘦脸滤镜和大眼滤镜根据拉伸和缩放算法实现变形效果。

　　到此为止，本书介绍了模型引入、模型前处理、模型后处理和图像处理等内容。读者可以运用所学的知识定制化地打造 Web AI 的基础技术框架，以满足大部分的业务需求。

第 3 部分　Web AI 进阶

　　本书的第 3 部分将介绍前端推理引擎背后的计算方案、性能优化、Web AI 应用安全、Web AI 的发展趋势，以及对未来的畅想等内容。

　　如果你有志于参与建设如 paddle.js 这样的 Web AI 开源项目，或者想要解决在使用框架的过程中遇到的性能和安全性的问题，就需要开动脑筋，怀着审慎的心态来阅读本部分内容。

　　第 8 章讲解前端 AI 的计算方案——这一技术得以实现的根基；第 9 章和第 10 章讨论了与性能和安全相关的知识点——保障前端 AI 在对性能和安全性有需求的场景下仍然可以被良好地实施；第 11 章和第 12 章对 Web AI 的发展趋势和大语言模型进行了介绍。

　　需要注意的是，随着基础技术和业务框架等技术的不断进步，开发者也需要不断地更新自己对于 Web AI 的认知，尝试了解相关的新知识。本部分的内容旨在为你指引"如何让技术变得更好"的方向，但无法囊括所有对达成目标起到作用的技术手段。毕竟 Web AI 作为一门新的技术，需要不断被标准化，不断由厂商和硬件平台提供底层的技术支持。在美好的未来到来之前，我们先来一探究竟——现在到底能做什么？

第 8 章
计算方案

前端推理引擎根据算子的属性和计算规则,利用不同的技术栈对同一个算子实现了多个版本。不同的版本即前端推理引擎不同的计算方案,它们在设备算力的利用、运算性能和兼容性方面的表现各不相同。

目前,Paddle.js 前端推理引擎提供的计算方案有 PlainJS、WebGL、WebGPU、WebAssembly 和 NodeGL。本章将着重介绍各种计算方案的计算原理和兼容性,以及在实际中如何选择合适的计算方案。

8.1 基本概念

第 2 章曾介绍过,神经网络涉及大量的矩阵与向量加法和乘法计算。以计算机视觉模型为例,可把算子的计算过程看成一张图像的变换过程。在各种参数的作用下,成千上万个像素参与计算,是典型的计算密集型任务,因此计算的并行化尤为重要。

在正式介绍 Paddle.js 的计算方案之前，本节将介绍一些在并行化计算中涉及的基本概念，以便阐明 Paddle.js 为并行化计算所进行的一些努力与优化。

8.1.1　多线程

当一段 JavaScript 程序在 Web 的单线程中运行时，有一些方式可使程序的运行在浏览器中达到并发的效果。

已经流行多年的 Web Worker API 可以创建 Worker 线程，但线程间依赖消息传递进行通信，无法共享数据，所以 Web Worker 适合粗粒度的并发，在 Worker 线程中完成相对较大的任务。而一个 Web AI 应用在模型加载、环境初始化及推理的过程中都会占用 JS 主线程，造成页面交互卡顿现象。将 AI 推理移入 Web Worker 中，可以将应用与推理环境的加载并行执行，并且在推理时不打断用户的交互行为，使 AI 应用的体验更加流畅。Web Worker 在 Paddle.js 上的应用会在 8.2.6 节详细介绍。

SharedArrayBuffer 和原子操作可以跨多个线程使用共享内存，以实现更细粒度的并发。但由于它们受到 Spectre 和 Meltdown 漏洞的威胁，各浏览器厂商停止了对它们的支持。目前，Chrome 浏览器提出了通过跨域隔离声明来解决这一问题，Chrome 91 版本和 FireFox 79 版本引入了这一解决方案。

8.1.2　SIMD

单指令多数据流（Single Instruction Multiple Data，SIMD）

使用单条指令同时处理多个数据，可以实现数据层面的并行计算。

算子参与运算的数据是多维数组的形式，且具有相同的类型，大部分算子的输出数组中的每个分量的计算过程都是独立的，因而非常适合 SIMD 这种在多个数据点上执行相同计算的计算机架构。例如，对两个长度为 4 的数组执行加法指令时，使用 SIMD 指令计算，如图 8-1（b）所示，只需要执行 1 次向量加法指令即可，而使用如图 8-1（a）所示的普通指令计算需要执行 4 次普通加法指令。

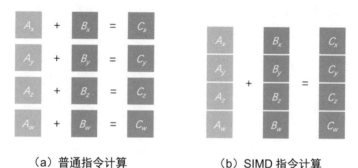

（a）普通指令计算　　　　　（b）SIMD 指令计算

图 8-1　普通指令计算与 SIMD 指令计算

8.1.3　CPU 与 GPU

中央处理器（Central Processing Unit，CPU）作为计算机系统的"大脑"，负责解释指令、处理数据。

图形处理器（Graphics Processing Unit，GPU）拥有众多的算术逻辑单元（Arithmetic and Logic Unit，ALU），即计算单元，适合处理海量的统一数据，融合了上述介绍的多线程、SIMD

和一些其他并行化方法，是一种多指令多数据流（Multiple Instruction Multiple Data，MIMD）处理器。

图 8-2 对 CPU 与 GPU 两者的计算方案硬件架构进行了对比，由于 GPU 拥有众多的计算单元，一些计算量相对较大的模型在推理过程中若使用 GPU 进行并行计算，那么运算性能将得到极大的提升。而对于一些计算量相对较小的模型，CPU 与 GPU 之间的调度开销超过了计算开销，此时使用 CPU 进行并行计算会更为合适。在 Paddle.js 中，目前共有 5 种计算方案（具体方案详见 8.2 节），其中，Plain JS 和 WebAssembly 计算方案运用的是 CPU 算力，而 WebGL、WebGPU 和 NodeGL 计算方案运用的是 GPU 算力。

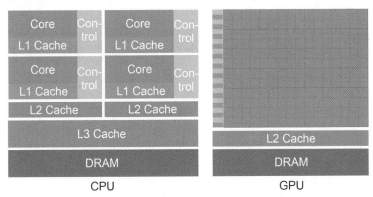

图 8-2　CPU 与 GPU 两者的计算方案硬件架构对比

8.2　计算方案介绍

本节以一个简化的加法算子 elementwise_add 为例，介绍 Paddle.js 中各种计算方案的原理和兼容性。

下面先明确 elementwise_add 算子的定义。如图 8-3 所示，以 a+b=out 为例，若 a、b 和 out 的模式均相同，则算子的计算逻辑即对应位置的数字相加求和。

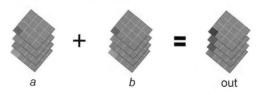

图 8-3　简化的 elementwise_add 算子

8.2.1　PlainJS 计算方案

PlainJS 是使用 JavaScript 脚本实现的、运行在 CPU 中的计算方案。此方案的优点在于，对前端工程师极其友好，算子接入的成本低，前端工程师只需要掌握 JavaScript 编程即可，调试简单、兼容性好。相对地，PlainJS 的缺点也很明显，较其他计算方案性能偏差。因而，PlainJS 计算方案适合对兼容性要求极高、对推理时间无要求的小模型。

以简化的 elementwise_add 算子为例，主要的代码实现逻辑如下，整个实现过程由 4 层循环完成。

```
/**
 *
 * @param a number[] 被加数
 * @param b number[] 加数
 * @returns number[] 和
 */
function main(x: number[], y: number[], outShape:
number[]): number[] {
    // 假设输入 a、b 和输出 out 的模式都相同，布局是 NCHW，均
    // 为四维
```

```
const [N, C, H, W] = outShape;
const totalShape = N * C * H * W;
const out = new Array(totalShape);
const reducedShape = [C * H * W, H * W, W];
for (let n = 0; n < N; n++) {
    for (let c = 0; c < C; c++) {
        for (let h = 0; h < H; h++) {
            for (let w = 0; w < W; w++) {
                const index = n * reducedShape[0] + c
* reducedShape[1] + h * reducedShape[2] + w;
                out[index] = x[index] + y[index];
            }
        }
    }
}
return out;
}
```

8.2.2　WebGL 计算方案

从 PlainJS 计算方案对 elementwise_add 算子的实现过程中可以看出，算子的计算过程是可以高度并行化的。若要在 Web 环境中利用 GPU 硬件，则可选择 WebGL 或 WebGPU 计算方案，WebGPU 计算方案将在 8.2.3 节中介绍，本节主要关注 WebGL 计算方案。

Web 图形库（Web Graphics Library，WebGL）是一种 3D 绘图协议，被用来在 Web 浏览器中渲染高性能的交互式 3D 和 2D 图形。WebGL 有两个版本，1.0 版本与 OpenGL ES 2.0 API 一致，2.0 版本与 OpenGL ES 3.0 API 一致。WebGL 既可以被应用于高性能图形渲染，也可以被应用于高性能并行计算。

　　WebGL 计算方案的推理过程可总结为初始化、创建程序、执行程序和读取结果四个步骤，如图 8-4 所示。

图 8-4　WebGL 计算方案

❶ 在 CPU 中预先编译好通过 WebGL 实现的计算程序。WebGL 的编程语言是在 OpenGL 的着色器语言（OpenGL Shading Language，GLSL）的基础上，删除和简化一部分功能后形成的 GLSL ES 版本，它有顶点着色器（Vertex Shader）和片元着色器（Fragment Shader）两部分。其中，顶点着色器负责对算子数据的索引计算，这一步对所有的算子都是通用的。

❷ 算子的计算主程序是通过片元着色器的编写完成的。conv2d 算子的片元着色器主要代码如下。

```
function genShaderCode() {
    // elementwise_add 算子的模式语言实现
    return `
    // start 函数，输入 texture_x、texture_y 的宽度为
    // width, 高度为 height, 通道数为 channel
    void main(float width, float height, float channel)
```

```
{
        // 获取 output 的坐标
        vec2 outCoord;
        outCoord.x = vCoord.x * width;
        outCoord.y = vCoord.y * height;
        // 输入 Tensor 坐标系转输出 Tensor 坐标系
        int r = int(outCoord.y / height);
        int g = mod(outCoord.x, channel);
        int b = mod(outCoord.y, height);
        int a = int(outCoord.x / channel);

        // 获取 texture_x 的像素值
        vec4 x = TEXTURE2D(texture_a,
            vec2(
                (float(a * int(channel) + g) + 0.5) /
width),
                (float(r * int(height) + b) + 0.5) /
height)
            )
        );

        // 获取 texture_y 的像素值
        vec4 y = TEXTURE2D(texture_b,
            vec2(
                (float(a * int(channel) + g) + 0.5) /
width),
                (float(r * int(height) + b) + 0.5) /
height)
            )
        );

        gl_FragColor = x + y;
    }
```

```
      ;
  }
```

❸ 算子计算过程依赖的参数数据需要从 CPU 内存复制到 GPU 显存中，在 WebGL 中，这一步可通过调用 texImage2D API 进行纹理绑定来完成。

❹ 完成推理后，要把计算结果从 GPU 显存复制回 CPU 内存中，在 WebGL 中，这一步可通过调用 readPixels API 来完成。

经过了以上四个步骤，WebGL 计算方案将算子实现的主逻辑运行在 GPU 中。由于利用了 GPU 的算力，因此 WebGL 计算方案适合相对大一些的模型，并且常见的浏览器都支持 WebGL，兼容性很好。但由于算子的实现需要编写相应的着色器，对前端工程师来说，着色器并不是常用的编程语言，且不易调试，所以算子的接入成本偏高。

8.2.3　WebGPU 计算方案

WebGPU 计算方案是利用 GPU 算力的另一种选择。WebGPU 是新一代 Web 3D 图形 API 标准，包括图形和计算两方面的接口。与 WebGL 计算方案相比，WebGPU 计算方案和 WebGL 计算方案都是对 GPU 功能的抽象，提供了操作 GPU 的接口。不同的是，WebGL 计算方案基于 OpenGL，而 WebGPU 计算方案基于 Vulkan、Metal 和 Direct3D 12，能提供更好的性能、支持多线程、采用面向对象编程的相对较新的引擎，可以把 WebGPU 看成下一代 WebGL，通过以下代码查看运行环境是否支持 WebGPU。

```
// navigator 上的属性 gpu 是一个 GPU 对象，是 WebGPU 的入口
if ('gpu' in navigator) {
  // 支持 WebGPU
```

```
}
```

1. 访问 GPU

在 WebGPU 中访问 GPU 可以通过以下代码。

```
// 获取 GPU 适配器 GPUAdapter，可以是集成的（low-power）或
// 是独立的（high-performance）
const adapter: GPUAdapter = await
navigator.gpu.requestAdapter({
    powerPreference: 'high-performance'
});
// 获取 device 实例
const device: GPUDevice = await
adapter.requestDevice();
```

device 是 adapter 的实例，是整个 WebGPU 的核心，device（GPUDevice 接口）所包含的重要的 API 方法如下。

```
interface GPUDevice {
    ...
    /**
     * Creates a {@link GPUBuffer}.
     * @param descriptor - Description of the {@link
GPUBuffer} to create.
     */
    createBuffer(
        descriptor: GPUBufferDescriptor
    ): GPUBuffer;
    /**
     * Creates a {@link GPUTexture}.
     * @param descriptor - Description of the {@link
GPUTexture} to create.
     */
    createTexture(
```

```
    descriptor: GPUTextureDescriptor
): GPUTexture;
/**
 * Creates a {@link GPUComputePipeline}.
 * @param descriptor - Description of the {@link
GPUComputePipeline} to create.
 */
createComputePipeline(
    descriptor: GPUComputePipelineDescriptor
): GPUComputePipeline;

...
}
```

更多 WebGPU 核心 API 可查看 WebGPU 标准和
@webgpu/types。

2．推理过程

WebGPU 计算方案的推理过程可总结为初始化、创建程序
和数据准备、执行程序、读取结果，如图 8-5 所示。

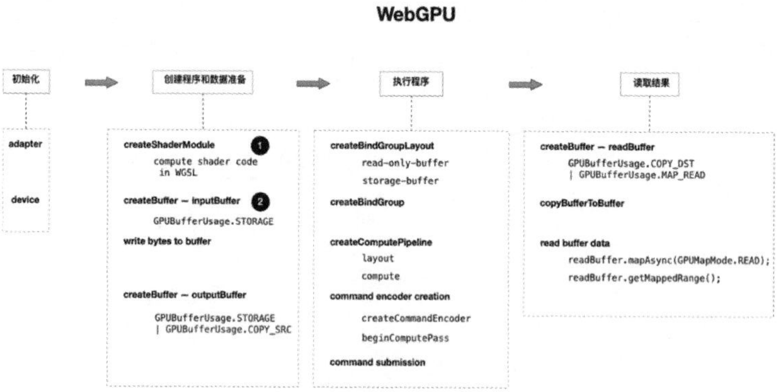

图 8-5　WebGPU 计算方案

❶ 创建着色器程序。着色器（Shader）是运行在 GPU 硬件上的程序。WebGL 支持顶点着色器、片元着色器，WebGPU 支持顶点着色器、片元着色器和计算着色器（Compute Shader）。计算着色器只计算而不绘制三角形。WebGPU backend 所有的算子实现均使用计算着色器，elementwise_add 算子的着色器主要代码如下。

```
// compute shader code in WGSL
// 执行运算时，resultMatrix.size.x 和 resultMatrix.size.y
// 要替换成具体数字
const shaderWGSL = `
    struct Matrix {
        size: vec2<f32>;
        numbers: array<f32>;
    };
    @group(0) @binding(1)
    var<storage, read> originMatrix: Matrix;

    @group(0) @binding(2)
    var<storage, read> counterMatrix: Matrix;

    @group(0) @binding(0)
    var<storage, write> resultMatrix: Matrix;

    @stage(compute)
@workgroup_size(resultMatrix.size.x,
resultMatrix.size.y)
    fn main(@builtin(global_invocation_id) global_id:
vec3<u32>) {
        let resultCell: vec2<u32> = vec2(global_id.x,
global_id.y);
        let index: u32 = resultCell.y + resultCell.x *
u32(resultMatrix.size.y);
```

```
        resultMatrix.numbers[index] =
originMatrix.numbers[index] +
counterMatrix.numbers[index];
    }
  `;
```

WGSL（WebGPU 着色器语言）是一个全新的着色器语言，它属于静态类型，每个值都有特定类型。WGSL 入口函数需要指明 stage，如果是计算着色器，则需要指明 workgroup_size。

通过调用 device 的 createShaderModule 方法创建 shader 模块，主要代码如下。

```
interface GPUShaderModule
    extends GPUObjectBase {
    /**
     * Nominal type branding.
     * @internal
     */
    readonly __brand: "GPUShaderModule";
    /**
     * Returns any messages generated during the {@link
GPUShaderModule}'s compilation.
     */
    compilationInfo(): Promise<GPUCompilationInfo>;
}

const shaderModule: GPUShaderModule =
device.createShaderModule({
    code: shaderWGSL
});
```

❷ 创建数据缓冲。在模型执行过程中，总共创建三种 GPU 数据缓冲区：GPUBufferUsage.STORAGE、GPUBufferUsage.STORAGE | GPUBufferUsage.COPY_SRC、GPUBufferUsage.

COPY_DST | GPUBufferUsage.MAP_READ。

第一种数据缓冲区用来存储和检索数据。

第二种数据缓冲区用来存储算子计算结果；由于所有 GPU 队列命令执行完毕后，计算结果需要被复制到另一个数据缓冲区进行读取，所以同时标记了 GPUBufferUsage.COPY_SRC。

第三种数据缓冲区作为最后的数据缓冲区来复制计算结果和数据读取，标记为 `GPUBufferUsage.COPY_DST | GPUBufferUsage. MAP_READ`。

目前，WebGPU 还是一种新兴技术，前端工程师可能还需要一段时间才能将其大规模用于生产环境。在 Chrome 113 版本及以上，可以在设置中打开 WebGPU 的启用开关，当下一些大语言模型前端库，如 Web LLM，就是依赖 WebGPU 进行推理加速的。

8.2.4　WebAssembly 计算方案

虽然将推理过程在 GPU 上执行能够显著提高推理速度，但 WebAssembly 计算方案有两方面的耗时较长，一是数据初始化，二是数据复制。

（1）数据初始化。模型的权重数据量很大，WebGL 与 WebGPU 计算方案在数据初始化阶段，会将每个权重数据映射到纹理，这个过程的耗时很长，因而这两种计算方案都有"预热"过程，将数据全部绑定到纹理并完成算子 Shader 程序的编译工作。用户会有推理速度很快但是加载速度很慢的感觉。

（2）数据复制。与 GPU 相关的计算方案涉及初始化时，从 CPU 复制数据向 GPU 传递，以及推理结束读取结果时，从 GPU 复制数据向 CPU 传递。

基于这两方面的耗时考虑，当模型比较小，或者 AI 应用无法接受很长的加载时间时，可以考虑 CPU 推理方案。而与 PlainJS 相比，WebAssembly 计算方案的推理性能要好得多。

WebAssembly 是一个可移植、体积小、加载快且兼容 Web 的全新二进制格式，有以下几个特点。

- 高效。WebAssembly 因其二进制格式而体积小、加载快，能够充分发挥硬件能力以达到原生执行效率。

- 安全。WebAssembly 执行在沙箱化的环境中，遵守同源策略和浏览器安全策略。

- 开放。WebAssembly 的文本格式可用来调试、测试与编程。

- 标准。WebAssembly 具有跨平台属性，无版本、特性可测且向后兼容。

基于以上特点，将模型的推理过程编译成 WebAssembly 能够获得更好的推理性能。另外，WebAssembly 计算方案可利用多线程和 SIMD 提升运算性能。

- 多线程。WebAssembly 是处理计算密集型任务的理想技术，通过多线程可将这些任务分配到多个 CPU 上执行。多线程依赖共享内存、原子操作和 wait/notify 操作，依赖 SharedArrayBuffer 的支持。可在 Chrome 70+版本启用实验性WebAssembly的线程支持，或者直接在Chrome 91+版本上体验。

- SIMD。WebAssembly 对各种 CPU 的 SIMD 指令进行了抽象，通过变量类型 v128 及其一系列运算符，让单条指令同时处理多个数据，极大地提高了算子的推

理性能。Chrome 91+版本默认开启了 WebAssembly
的 SIMD 功能。

8.2.5　NodeGL 计算方案

Paddle.js 前端推理框架提供了服务端推理的能力
——NodeGL 计算方案。NodeGL 计算方案引入了 headless-gl
工具包，通过 node-gyp 可以在 Node 环境中运行 WebGL 而不
需要启动整个浏览器窗口。目前，NodeGL 计算方案只支持
WebGL 1.0 版本。

WebGL 与 NodeGL 这两种计算方案只有 GL 的上下文不
同，其余实现逻辑完全相同，这里不再赘述。

8.2.6　Web Worker 在 Paddle.js 上的应用

GPU 的计算方案可以使算子的运算过程并行化，如
Paddle.js 的 WebGL 计算方案。但 WebGL 计算方案也有不足，
它需要一个"预热"过程，其中，将权重数据作为纹理的像素
源从 CPU 传至 GPU 的过程耗时较长。在"预热"期间，应用
会受到阻塞，通常的解决办法是通过类似于"加载中"的提示
让用户知晓。如图 8-6 所示，将 AI 应用推理计算方案的环境初
始化和推理过程移到 Web Worker 中，在初始化阶段，可将推
理引擎的初始化与应用的其他初始化内容并行起来，既减少了
应用整体的初始化耗时，也不影响用户与页面的交互；在推理
阶段，模型推理依赖的数据在 JS 主线程中处理，模型推理在
Worker 中进行，既减少了整体的模型推理耗时，也不会阻塞页
面对用户操作的响应。

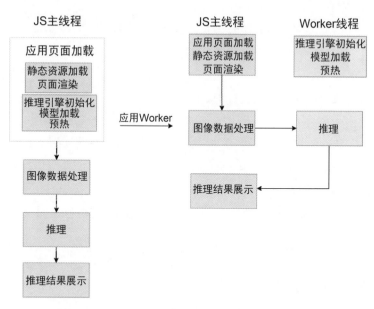

图 8-6　Web Worker 在 WebGL 计算方案上的应用

应 用 Web Worker 进 行 推 理 的 前 提 是 设 备 支 持 OffscreenCanvas，即离屏 canvas。离屏 canvas 的渲染与 DOM 完全解耦，可以在 Web Worker 中运行。以 1000 种物品分类模型的应用为例，介绍它与 Web Worker 如何结合。

在 Worker 线程中运行的 worker.js 示例如下。

```
import { Runner, env } from '@paddlejs/paddlejs-core';
import { GLHelper } from
'@paddlejs/paddlejs-backend-webgl';
// 1000 种物品分类模型的序号与类别的映射表
import map from './map.json';
const webWorker = self;
const WEBGL_ATTRIBUTES = {
    alpha: false,
    antialias: false,
```

```
        premultipliedAlpha: false,
        preserveDrawingBuffer: false,
        depth: false,
        stencil: false,
        failIfMajorPerformanceCaveat: true,
        powerPreference: 'high-performance'
};
let runner = null;

// 接收 JS 主线程传递的消息
webWorker.addEventListener('message', async msg => {
    const {
        event,
        data
    } = msg.data;

    // 事件为 init, 推理引擎初始化;
    // predict 为推理, 数据类型为 ImageData
    switch (event) {
        case 'init':
            await initEvent(data);
            break;
        case 'predict':
            await predictEvent(data);
            break;
        default:
            break;
    }
});


async function initEvent(config) {
    await init(config);
```

```
    }

    async function init(config) {
        const offscreenCanvasFor2D = new
OffscreenCanvas(1, 1);
        // 重置 Paddle.js 引擎 core 模块 mediaprocessor 中的
        // canvas
        env.set('canvas2d', offscreenCanvasFor2D);
        // 重置 Paddle.js 的 fetch 接口
        env.set('fetch', (path, params) => {
            return new Promise(function (resolve) {
                fetch(path, {
                    method: 'get',
                    headers: params
                }).then(response => {
                    if (params.type === 'arrayBuffer') {
                        return response.arrayBuffer();
                    }
                    return response.json();
                }).then(data => resolve(data));
            });
        });
        runner = new Runner(config);
        const offscreenCanvas = new OffscreenCanvas(1, 1);
        const gl = offscreenCanvas.getContext('webgl2',
WEBGL_ATTRIBUTES);
        // 设置 gl Context
        GLHelper.setWebGLRenderingContext(gl);
        // 设置 gl Version
        GLHelper.setWebglVersion(2);
        await runner.init();
        // 给 JS 主线程发送初始化完成的消息
        webWorker.postMessage({
```

```
        event: 'init'
    });
}

async function predictEvent(imageBitmap) {
    // 调用 Paddle.js 推理 API
    const res = await runner.predict(imageBitmap);
    // 处理推理结果，此处 1000 种物品识别案例需要
    //获取数组中的最大值索引，在 Map 中找到对应的分类
    const maxItem = getMaxItem(res);
    // 给 JS 主线程发送推理结果
    webWorker.postMessage({
        event: 'predict',
        data: map[maxItem]
    });
}
// 获取数组中的最大值索引
function getMaxItem(datas = []) {
    const max = Math.max.apply(null, datas);
    const index = datas.indexOf(max);
    return index;
}
```

在 JS 主线程中执行：

```
const worker = new Worker('worker.js');
// 用于上传图像的 DOM，此处为 input 控件
const uploadDom =
document.querySelector('#uploadImg');
// 建立 JS 主线程与 Worker 线程的通信
registerWorkerListeners();
// 应用初始化
init();

// 获取用户上传的图像
```

```
uploadDom.onchange = e => {
    if (!e.target) {
        return;
    }
    const reader = new FileReader();
    reader.onload = () => {
        const img = new Image();
        img.src =
URL.createObjectURL((e.target).files[0]);
        img.onload = () => {
            // 加载图像后，获取对应的 ImageData 数据
            createImageBitmap(img, 0, 0,
img.naturalWidth, img.naturalHeight)
                .then(imageBitmap => {
                    // 给 Worker 线程发送 predict 事件，触发
                    // 推理
                    worker.postMessage({
                        event: 'predict',
                        data: imageBitmap
                    }, [imageBitmap]);
                });
        };
    };
    reader.readAsDataURL(e.target.files[0]);
};

function registerWorkerListeners() {
    // 接收 Worker 线程发送的事件，
    // init 表示推理引擎初始化完成，predict 表示推理完成
    worker.addEventListener('message', async msg => {
        const {
            event,
            data
```

```
        } = msg.data;
        switch (event) {
            case 'predict':
                resultDom.innerText = data;
                break;
            case 'init':
                createImageBitmap(img, 0, 0,
img.naturalWidth, img.naturalHeight)
                    .then(ImageBitmap => {
                        // 给 Worker 线程发送推理数据，触发推理
                        worker.postMessage({
                            event: 'predict',
                            data: ImageBitmap
                        }, [ImageBitmap]);
                    });
                break;
            default:
                break;
        }
    });
}

async function init() {
    // 检测环境是否支持离屏 canvas
    const onscreen = document.createElement('canvas');
    const offscreen =
onscreen.transferControlToOffscreen();
    if (offscreen) {
        // 给 Worker 线程发送 init 信息，触发推理引擎初始化
        worker.postMessage({
            event: 'init',
            data: {
                modelPath:
```

```
'https://paddlejs.cdn.bcebos.com/models/mobileNetV2Opt/
model.json',
                fill: '#fff',
                feedShape: {
                    fw: 224,
                    fh: 224
                },
                mean: [0.485, 0.456, 0.406],
                std: [0.229, 0.224, 0.225]
            }
        });
    }
}
```

8.3　计算方案对比

8.2 节详细介绍了各种计算方案的实现原理与兼容性。如表 8-1 所示，从推理耗时和兼容性两个方面，对 PlainJS、WebGL、WebGPU、WebAssembly 和 NodeGL 计算方案进行了详细的对比，其中耗时数据来自 MacBook Pro（16inch，2019）设备对 MobileNetV2 模型的测量。

表 8-1　计算方案对比

计算方案	推理耗时/ms	兼容性
PlainJS	2310	所有浏览器
WebGL	78	主流浏览器
WebGPU	43	实验性

续表

计算方案	推理耗时/ms	兼容性
WebAssembly	210	基本能力：Chrome 57 版本、safari11 版本、WebViewAndroid57 版本、safari(ios)11 版本 SIMD 和多线程：Chrome 91 版本
NodeGL	70	服务端

8.4 总结

结合多线程、SIMD 等并行化计算方法，考虑模型大小、兼容性要求、推理速度和加载速度等因素，Paddle.js 前端推理引擎目前提供了 PlainJS、WebGL、WebGPU、WebAssembly 和 NodeGL 5 种计算方案。

按照算力的不同，WebGL、WebGPU 和 NodeGL 计算方案运用了 GPU 的算力，推理速度更快，但需要较长的初始化时间和 CPU 与 GPU 间的数据复制时间。PlainJS 和 WebAssembly 计算方案运用 CPU 的算力，相比之下，PlainJS 计算方案兼容性更好，任何可运行 JavaScript 脚本的环境都支持 PlainJS 计算方案。而 WebAssembly 计算方案基于二进制格式，推理速度更快，并且可在 Chrome 91 版本体验其利用多线程和 SIMD 提升推理性能的优势。

第 9 章
性能优化

高性能是前端推理引擎的核心指标。本章重点介绍提升推理性能和体验的最佳实践，包括算子融合、向量化计算和多线程等手段。因为目前主流的计算方案还是 WebGL，所以对于向量化计算和多线程，本章将重点介绍针对 WebGL backend 的性能优化方案。

9.1 算子融合

算子融合是一种常见的图结构优化方法，将模型中的多个连续算子融合成单个等效算子，以减少算子间的数据传递与调度开销，从而提升推理性能。

以融合算子 fused_conv2d 为例，如图 9-1 所示。将三个连续算子 conv2d、BatchNorm 和 Act（激活算子）融合成算子 fused_conv2d。通过融合，可以减少参数的数量，也可以减少显存/内存的使用，同样会减少显存/内存的访问次数。参数数量的减少,同样意味着计算量的减少,通过减少冗余的计算量,推理性能将显著提升。

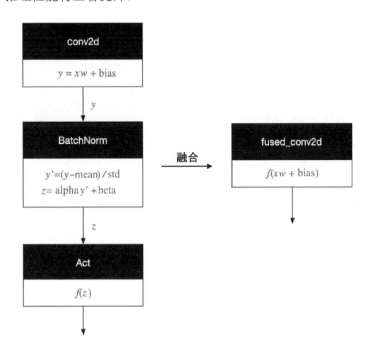

图 9-1　融合算子 fused_conv2d

还有很多算子融合规则,如 mul 和 elementwise_add 算子融合为 fc 算子,transpose 和 reshape 算子融合为 shuffle_channel 算子。本节不再详细展开介绍每一种算子融合规则,感兴趣的读者可以查看 Paddle Lite opt(模型优化工具)的 Fusion Pass 相关接口,有全面的算子融合规则和对应的代码实现。

目前,Paddle.js 已将 Paddle Lite opt 功能集成到 paddlejs-converter 转换工具中,默认开启优化开关,如果想要查看原始模型结构（融合前），则可将参数-disableOptimize 配置为 true 并导出。

不同的网络结构模型适用的算子融合规则不同，本节以 MobileNetV2 结构模型为例，展示算子融合带来的性能提升。

MobileNetV2 结构模型适用的融合规则：conv2d + BatchNorm + ReLU 融合、conv2d + elementwise_add 融合和 softmax + scale 融合，原有模型算子数目从 159 变为融合后的 68。

融合前的 MobileNetV2 benchmark 性能数据如图 9-2 所示。

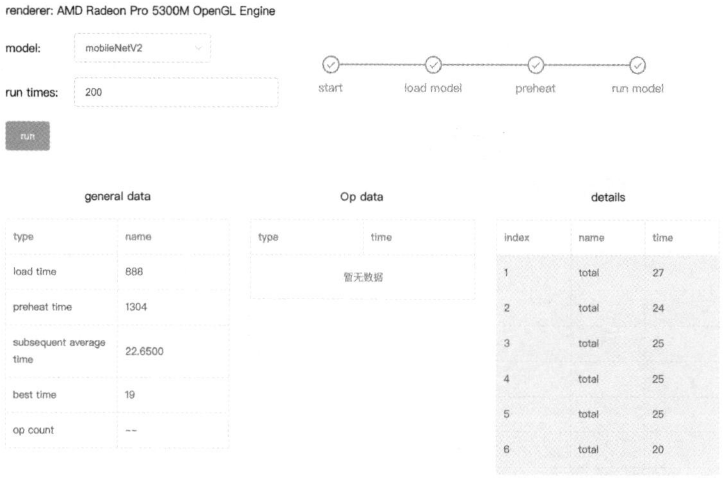

图 9-2　融合前的 MobileNetV2 benchmark 性能数据

融合后的 MobileNetV2Opt benchmark 性能数据如图 9-3 所示。

图 9-3 融合后的 MobileNetV2Opt benchmark 性能数据

由 上 面 两 个 benchmark 数 据 可 知， MobileNetV2 和 MobileNetV2Opt 分别执行 200 次推理并计算平均值，可得融合后推理性能提升 21.45%，如图 9-4 所示。

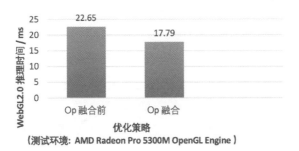

图 9-4 融合后推理性能提升

9.2　向量化计算

维基百科对于向量化（Vectorization）的定义如下。

Array programming, a style of computer programming where operations are applied to whole arrays instead of individual elements.

向量化计算是一种计算机编程方式，操作应用于整个数组而不是单个元素。

本节主要介绍如何在 WebGL 中实现向量化计算和性能提升。

第 8 章介绍了 WebGL 计算方案，可知在 WebGL backend 中想要实现模型推理计算，需要将模型数据上传至 texture（纹理缓存，在物理上指的是 GPU 显存中的一段连续空间），并通过顶点着色器或片元着色器完成算子计算。

在 WebGL2 中，数据被上传至纹理缓存使用 API。

```
void gl.texImage2D(target, level, internalformat,
width, height, border, format, type, ArrayBufferView
srcData);
```

其中，target 参数指定纹理的绑定对象，我们采用二维纹理贴图 gl.TEXTURE_2D，internalformat 参数指定纹理中的颜色组件，type 参数指定 texture 数据的数据类型。

如果想要将数据存储在四通道（RGBA）中，则使用以下命令。

```
gl.texImage2D(gl.TEXTURE_2D, 0, gl.RGBA32F, width,
height, 0, gl.RGBA, gl.FLOAT, data);
```

这样，在片元着色器中读取一个像素值，获取四维浮点向量 vec4 pixels，可以直接对四维浮点向量进行操作，代码如下。

```
#version 300 es
precision highp float;

in vec2 v_texcoord;
out vec4 outColor;

// 纹理
uniform sampler2D u_texture;
uniform float weight;

void main() {
    // 四维浮点向量 vec4 pixels 的 4 个值均为有效值
    vec4 pixels = texture(u_texture, v_texcoord);
    outColor = pixels * weight;
}
```

将数据存储在单通道（RED 通道）中，代码如下。

```
gl.texImage2D(gl.TEXTURE_2D, 0, gl.R32F, width,
height, 0, gl.RED, gl.FLOAT, data);
```

这样在片元着色器中读取一个像素值，只有 RED 通道值为有效值，其他通道值为 0。需要读取 4 次像素值，才能达到处理一次四维浮点向量操作的结果。

```
#version 300 es
precision highp float;

in vec2 v_texcoord;
out vec4 outColor;

// 纹理
uniform sampler2D u_texture;
uniform float weight;
```

```
void main() {
    vec4 pixels = texture(u_texture, v_texcoord);
    // 只有 r 值有效,
    // 需要连续读取 4 次像素值，才能获取 4 个有效值
    outColor.r = pixels.r * weight;
}
```

1. WebGL pack

在 Paddle.js 1.0 版本时，为了便于计算和数据排布变换，所有 tensor 数据都采用单通道存储。在进行 2.0 版本升级时，对部分算子和相应 tensor 进行了 WebGL pack 四通道排布升级，可以减少计算量与 texture 资源占用。下面以多通道卷积 conv2d 算子为例进行说明。

假设有一个简化的 conv2d 算子，其数据信息如下。

- input tensor：模式为[1,4,5,5]。
- filter tensor：模式为[1,4,3,3]。
- output tensor：模式为[1,1,3,3]。
- attributes：strides 为[1,1]，即步长为 1，小窗口每次滑动 1 个单位；paddings 为[0,0]，即图像上下左右填充数值为 0。

多通道卷积运算如图 9-5 所示。

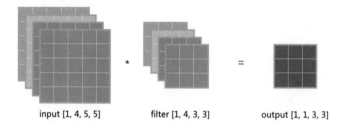

input [1, 4, 5, 5]   filter [1, 4, 3, 3]   output [1, 1, 3, 3]

图 9-5   多通道卷积运算

每个通道[5×5]都对应一个卷积核[3×3]，都执行相同的计算步骤，如图 9-6 所示。

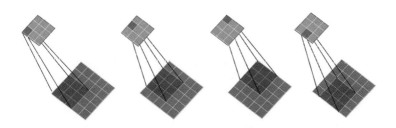

图 9-6　单通道卷积运算

若按照 1.0 单通道数据存储，则每个 tensor 对应的 texture 大小和数据排布如图 9-7 所示。

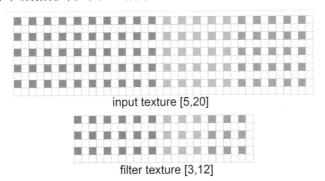

input texture [5,20]

filter texture [3,12]

图 9-7　单通道 texture 大小和数据排布

对于单通道数据排布，每次从 texture 读取一个像素值，都只能获取一个有效数字，则四通道卷积运算要逐层进行相同卷积计算。按照 2.0 版本对 conv2d 算子 WebGL pack 四通道数据排布进行升级后，texture 大小和数据排布如图 9-8 所示。

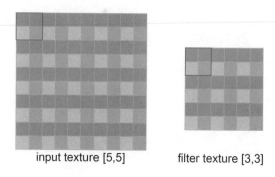

input texture [5,5]   filter texture [3,3]

图 9-8　四通道 texture 大小和数据排布

可知 texture 缓存大小为原来的 1/4，由于一次数据读取可以获得四通道有效数据，所以计算量也减小为原来的 1/4。

2．MobileNetV2 benchmark

仍然以 MobileNetV2 结构模型为例，通过 WebGL pack 优化后，模型推理性能提升情况如图 9-9 所示。

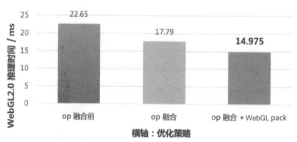

图 9-9　WebGL pack 性能提升

9.3　多线程

前面章节介绍了多线程和 SIMD 的相关知识，也提到了针对 WebGL backend 的 Web Worker 优化方案，本节将对此进行详细介绍。

前端推理引擎在初始化过程中，需要生成神经网络拓扑和数据缓存，如果使用 WebGL backend，则需要完成着色器编译和纹理上传，着色器编译是在 CPU 中完成的，耗时较长。如果整个 Web 应用都在 CPU 主线程运行，就会造成预热期间页面无法交互的情况。所以引入 Web Worker，创建多线程环境，是一种很有效的解决方法。

维基百科对于 Web Worker 的定义如下。

A Web Worker, as defined by the World Wide Web Consortium (W3C) and the Web Hypertext Application Technology Working Group (WHATWG), is a JavaScript script executed from an HTML page that runs in the background, independently of scripts that may also have been executed from the same HTML page. Web workers are often able to utilize multi-core CPUs more effectively.

Web Worker 是在后台运行的 JavaScript 脚本，能够有效地利用多核 CPU。可以在主线程中创建 Worker 线程，主线程与 Worker 线程同时运行，互不干扰。需要注意的是，在 Web Worker 中不能直接操作 DOM 元素，也不能使用 Window 对象的默认方法和属性。所以通常要将负责 UI 交互的任务放在主线程执行，一些计算密集型或高延迟型任务放在 Worker 线程执行。

下面将介绍如何在 Worker 线程中完成引擎推理任务。主线程和 Worker 线程中的主要通信如图 9-10 所示。

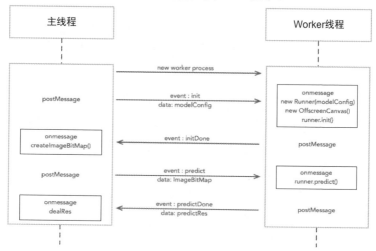

图 9-10　主线程和 Worker 线程中的主要通信

在 Worker 线程中使用 WebGL backend 需要以下几个核心 API。

OffscreenCanvas 提供了一个可以脱离屏幕渲染的 canvas 对象。它在主线程和 Worker 线程中均有效。通过 OffscreenCanvas 可以在 Worker 线程中创建 WebGL2RenderingContext，进而完成 texture 创建，以及 shader program 编译和执行，代码如下。

```
// Worker.ts
import { Runner, env } from '@paddlejs/paddlejs-core';
import { GLHelper } from
'@paddlejs/paddlejs-backend-webgl';

const webWorker: Worker = self as any;
```

```
let runner = null;

// 监听主线程发来的消息
// 消息包含在 message 事件的 data 属性中
webWorker.addEventListener('message', async msg => {
    const {
        cvent,
        data
    } = msg.data;

    switch (event) {
        // 处理 init 消息事件
        case 'init':
            await initEvent(data);
            break;
        // 处理 predict 消息事件
        case 'predict':
            await predictEvent(data);
            break;
        default:
            break;
    }
});

async function initEvent(config) {
    const offscreenCanvasFor2D = new
OffscreenCanvas(1, 1);
    // offscreenCanvasFor2D 作为 core 模块 mediaprocessor
    //里的 2D 上下文, 用于处理图像
    env.set('canvas2d', offscreenCanvasFor2D);
    env.set('fetch', (path, params) => {
        return new Promise(function (resolve) {
```

```
            fetch(path, {
                method: 'get',
                headers: params
            }).then(response => {
                if (params.type === 'arrayBuffer') {
                    return response.arrayBuffer();
                }
                return response.json();
            }).then(data => resolve(data));
        });
    });
    runner = new Runner(config);
    // 创建一个离屏 canvas
    const offscreenCanvas = new OffscreenCanvas(1, 1);
    // 获取 WebGL2RenderingContext
    const gl: WebGL2RenderingContext =
offscreenCanvas.getContext('webgl2', WEBGL_ATTRIBUTES);
    // 设置 WebGL backend 环境中的 gl Context
    GLHelper.setWebGLRenderingContext(gl);
    // 设置 WebGL Version
    GLHelper.setWebglVersion(2);
    // 执行初始化操作
    await runner.init();
    // 向主线程发送消息通知 init 事件完成
    webWorker.postMessage({
        event: 'initDone'
    });
}
```

OffscreenCanvas 仍是一个较新的实验中的功能，有一定的浏览器兼容性问题，如图 9-11 所示。

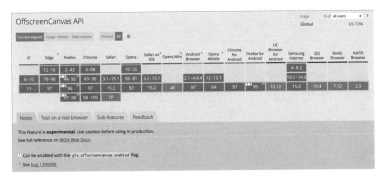

图 9-11　OffscreenCanvas 的兼容性问题

createImageBitmap 方法存在于 Window 和 Worker 线程中，用于接收各种不同来源的图像，并返回一个 Promise，resolve 为 ImageBitmap。

ImageBitmap 实现了 transferable interface，允许在不复制 Object 的情况下按引用进行传输，极大地节省了复制造成的耗时，因此可以在主线程中将用户数据（图像）创建为 ImageBitmap 并高效地传递给 Worker 线程。

```
// transferList，一个可选的 transferable 对象的数组
myWorker.postMessage(aMessage, transferList);
```

核心代码实现如下。

```
// main.ts
const img = document.querySelector('#image') as
HTMLImageElement;

function registerWorkerListeners() {
    // 监听 Worker 线程消息
    worker.addEventListener('message', async msg => {
        const {
            event,
```

```
            data
        } = msg.data;
        switch (event) {
            // 监听到 Worker 线程初始化结束事件
            case 'initDone':
                // 将用户数据创建为 ImageBitmap 并传递给
                // Worker 线程进行推理
                createImageBitmap(img, 0, 0,
img.naturalWidth, img.naturalHeight)
                    .then(ImageBitmap => {
                        worker.postMessage({
                            event: 'predict',
                            data: ImageBitmap
                        }, [ImageBitmap]);
                    });

document.getElementById('loading').style.display =
'none';
                break;
            case 'predictDone':
                // 根据实际需求，补充相应的处理代码
                console.log(data);
            default:
                break;
        }
    });
}

// ---------------------------------------

// Worker.ts
```

```
webWorker.addEventListener('message', async msg => {
    const {
        event,
        data
    } = msg.data;

    switch (event) {
        case 'init':
            await initEvent(data);
            break;
        // 处理 predict 消息事件
        case 'predict':
            await predictEvent(data);
            break;
        default:
            break;
    }
});

async function predictEvent(imageBitmap: ImageBitmap)
{
    // 执行推理计算
    const res = await runner.predict(imageBitmap);
    // 向主线程发消息通知 predictDone 事件完成，并传递推理结果
    webWorker.postMessage({
        event: 'predictDone',
        data: res
    });
}
```

目前，createImageBitmap 的浏览器兼容性比较高，如图9-12
所示。

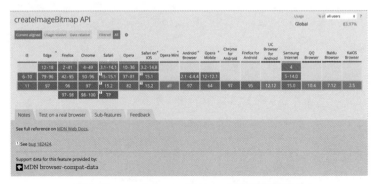

图 9-12　createImageBitmap 的浏览器兼容性

9.4　总结

本章介绍了提升推理性能和体验的最佳实践：算子融合、向量化计算和多线程。

算子融合是一种常见的图结构优化方法，将模型中的多个连续算子融合成单个等效算子，可以减少算子间的数据传递与调度开销，从而提升推理性能。

向量化计算是一种计算机编程方式，操作应用于整个数组而不是单个元素。通过操作四维浮点向量数据替代操作单个数据可以减少 texture 资源占用和计算量，并提升推理性能。

通过 Web Worker 可为 JavaScript 创造**多线程**环境，将符合计算密集型和高延迟型任务——模型推理过程迁移至 Worker 线程，从而与负责 UI 交互的主线程同时进行，提升整体应用使用体验和性能。

第 **10** 章
Web AI 应用安全

随着移动设备算力的不断增强，随着模型的不断优化及前端推理引擎的不断发展，端 AI 应用越来越广泛。Web AI 作为端 AI 的一种，在人脸身份认证、穿戴特效、虚拟形象等场景下的应用越来越多。而在 Web AI 产品商业化的过程中，模型及运行时安全问题变得尤为突出。本章以机密性、完整性和可用性为目标，通过防盗用、防篡改、反编译等安全手段，系统性地探索 Web AI 推理及应用中的安全问题解决方案。

10.1 安全问题与安全目标

本章以一个具体的案例为切入点，分析在一个完整的 Web AI 应用运行的全流程中有哪些地方存在安全隐患，以及保护 Web AI 应用安全的目标是什么。

10.1.1　安全问题

CV 模型的应用比较广泛，此处以常见的人脸检测为例，实时获取摄像头的数据在 Web 页面中绘制出标识人脸位置的方框，达到方框跟随人脸位置移动的效果，如图 10-1 所示。

图 10-1　人脸检测（图像由 GAN 生成）

要实现这个功能，简化步骤如下。

❶ 获取用户输入：打开摄像头，从视频流中获取一张图像数据。

❷ 前处理：图像裁剪，适配推理模型的输入格式。

❸ 推理：在 Web 环境中完成模型的推理计算，计算出人脸方框的位置坐标。

❹ 后处理：将方框坐标映射回原图像。

❺ 绘制：在这张图像上绘制出映射后的位置方框。

其中，第❷步前处理和第❹步后处理都属于对数据的处理，可归为数据前后处理环节。第❺步会根据应用场景的需要开发不同的视觉效果，如与人脸相关的渲染特效，可归为应用的实现环节。

一个完备的商业化产品，其技术壁垒在于模型推理的准确性，在 Web 环境中的具体流程如下。

1. 推理前的准备

推理前，要根据模型复杂度、终端性能，以及应用对推理性能、运行环境与设备兼容性的要求，选定一种计算方案，如 Paddle.js 前端推理引擎可选的计算方案有 WebGL、WebGPU、WebAssembly、PlainJS 和 NodeGL 等。在 Web 领域，要保障运行环境的安全性，可以选择 WebAssembly 计算方案，让推理过程在 WebAssembly 的沙箱环境中执行，对 Web 宿主环境暴露有限的调用入口，将整个推理过程黑盒化。

2. 推理过程

推理过程分为初始化和推理两大阶段。

通常来说，模型提供者与应用提供者可能不是同一个角色。对于模型提供者来说，模型文件的安全是重要的，即模型的网络结构与权重数据不能被泄漏。对于这点而言，除了网络加载过程能够直接暴露模型文件，推理过程中的神经网络拓扑结构初始化与算子的执行过程也可能暴露模型的结构信息；对于应用提供者来说，该应用的盈利模式可能按流量计费，所以要保证应用本身不被盗用，包括整个应用运行环境的盗用与关键业务代码的盗用。关键业务代码包括对模型前后数据的处理，以及根据推理结果完成的酷炫渲染特效的实现。

所以，在 Web AI 应用的整个流程中，推理前的模型文件获取、整个推理过程和推理后的数据处理、逻辑与应用的实现环节均需要被保护。

10.1.2　安全目标

对 Web AI 应用进行安全问题分析后便可知，为了保障 Web AI 应用的安全，既要使模型安全，即保护模型的拓扑结构及权重数据，又要使应用安全，即保护应用的运行时，运行时包括推理过程和应用的关键业务代码的实现。

1．模型安全

模型提供者（后面简称为资源方）通常会根据模型拓扑结构、权重数据等模型信息的机密性和模型在使用与传播中的可控性来评估模型的安全强度。要达到这一目标，通常要实现模型内容加密、解密的密钥安全存储和推理运行时受控这个安全铁三角，如图 10-2 所示。

图 10-2　安全铁三角

2．应用安全

Web AI 应用提供者（后面简称为应用方）要保护整个应用

环境、关键业务代码不被盗用与篡改。要实现这一目标，需要对应用本身进行安全加固，可通过运行时沙箱隔离、身份认证、运行环境检查、增加反调试策略、代码混淆加密等加固手段，实现防盗用、防篡改、反编译的目标。

因而，Web AI 应用的安全目标是保障模型安全和应用安全，使整个 Web AI 应用具有机密性、完整性和可控性。

10.2　前端安全技术

为了保障模型拓扑结构、权重数据等核心信息的机密性，模型内容在传输前要进行加密；为了保证应用的运行时安全，要让模型内容的解密及推理过程运行在黑盒中，保障代码安全；为了让运行时可控，要在代码安全的基础上进行安全加固。

10.2.1　加解密方案

对于加密，常用的方案有对称加密、非对称加密和哈希算法。通用的对称加密有 DES、3DES 和 AES。目前也有很多轻量分组密码研究，如在边缘计算环境中使用 OpenCL 和 WebAssembly 高效实现 NIST LWC ESTATE 算法进行安全通信。综合加密强度、解密性能等因素，这里给出两种由前端与云端配合完成的加解密方案供参考。

1.　混合密码体制

混合密码体制是 AES 对称加密、RSA 非对称加密和 MAC 哈希加密的组合。

由于模型体积在常规的网络静态资源中相对较大，兼顾模型内容的机密性和 Web 环境中的解密速度，推荐采用密钥长度为 256 位的 AES 对称加密算法对模型内容进行加密；为了加大安全强度，可采用 RSA 非对称加密算法对密钥进一步加密。

对模型内容和密钥加密是为了保障模型的机密性，还可以通过 MAC 哈希加密算法进一步保障模型的完整性，并验证模型资源请求者的身份。例如，采用 HMAC（Keyed-Hashing for Message Authentication）算法对模型内容进行 HMAC 运算，完成认证加密，得到认证标识。

根据顺序不同，认证加密有三种方案：MAC-and-encrypt、MAC-then-encrypt 和 encrypt-then-MAC。

用混合密码体制加密后，网络传输的内容包含模型内容密文、密钥密文及认证标识。图 10-3 描述了混合密码体制与多层密钥体系相结合的场景。

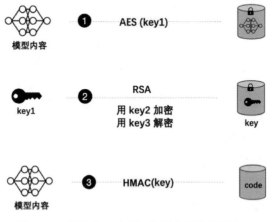

图 10-3　混合密码体制与多层密钥体系相结合

❶ AES 算法用于加密模型内容，所用密钥称为 key1。

❷ key1 用 RSA 算法加密，对应的加密密钥为 key2；用 key2 加密后的 key1 密文为 key；key 的解密密钥为 key3。

❸ 认证标识将 key 作为密钥，对模型内容密文进行 HMAC 运算，得到认证标识 code。

2．轻量的认证加密

混合密码体制能够保证模型的机密性和完整性，而在 Web 环境下解密耗时占在线推理运行总耗时的 95%，因而密码算法的选择要兼顾安全性和在线解密的性能。轻量级密码算法在降低一点安全强度的前提下，具有吞吐量低、安全级别适中和性能较高的特点。对于轻量级密码的标准化，ISO 在 2012—2019 年发布了一系列轻量级密码算法国际标准，美国国家标准与技术研究院（NIST）在 2015 年启动了轻量级密码算法标准化项目，并在 2018 年 8 月开始征集轻量级密码算法并对其进行标准化。本书采用边缘计算环境中使用的结合了 OpenCL 和 WebAssembly 的 NIST LWC ESTATE 算法。

ESTATE 采用 MAC-then-encrypt 的认证加密方式，是轻量级加密算法的第二轮候选算法之一，是一种基于可调整分组密码的认证加密方案，它采用类似 FCBC 的认证方式进行 OFB 加密。

10.2.2　代码安全

众所周知，在 Web 前端领域，业务逻辑开发时用到的 HTML、CSS、JavaScript 都是可以被直接看到的，因而是不可信的。即使通过对称、非对称、散列等加密技术进行加密，解密的过程仍然可以被劫持和调试，因而保护前端代码安全是必要的。前端代码安全可通过降低代码可读性与代码运行时环境沙箱化来进行，常用的方法如下。

1. 代码混淆

代码混淆是常用的降低代码可读性的方法，也是一种常见的抗逆向分析方法，实现原理是通过正则替换或通过语法树替换混淆代码原文。常见的混淆手段如下。

- 变量名混淆和常量提取。将变量名替换成难以辨认和理解的字符串，如十六进制变量名。或者把常量存储到数组中，使用时按照数组下标进行索引。
- 运算混淆。把逻辑运算、二元运算、字符串拼接等运算封装成函数进行混淆。
- 语法替换与动态执行。把常用的语法替换成不常用的语法，如把 for 替换成 do / while。还可以在静态的逻辑代码中添加动态的判断条件来干扰静态代码分析。
- 控制流平展混淆。把执行流程和判定流程进行混淆，让攻击者不容易摸清楚代码的执行逻辑。

前端工程项目中常用的 UglifyJS 实现的是变量名混淆，使用时可指定需要混淆的变量名，也可保留指定变量名不被混淆，不同的构建工具如 Webpack、Gulp.js 都有对应的插件版本。

2. WebAssembly

代码混淆是一种静态防御手段，会增加反编译的难度，但仍可调试，而 WebAssembly 是一个可移植、体积小、加载快且兼容 Web 的全新二进制格式，运行在沙箱环境中，提升了代码的安全性。又因其逼近本机性能的执行效率，在计算密集型领域，如模型推理、游戏、音视频处理等场景下的应用越来越多。在前端安全加固方面，WebAssembly 也有很多应用，如在 WebAssembly 中实现 IBC 认证加密方案。WebAssembly 是由主流浏览器厂商组成的 W3C 社区团体制定的一个新规范，拥有高性能、安全、开放和标准四大特性。

1）高性能

WebAssembly 有一套完整的语义，是体积小且加载快的全新二进制格式，其目标就是充分发挥硬件能力以达到原生执行效率。

2）安全

WebAssembly 运行在一个沙箱环境中，甚至可以在现有的 JavaScript 虚拟机中实现。在 Web 环境中，会严格遵守同源策略和浏览器安全策略。

3）开放

WebAssembly 设计了一个非常规整的文本格式用来调试、测试、实验、优化、学习、教学或编写程序。可以通过这种文本格式在 Web 页面上查看模块的源码。

4）标准

WebAssembly 在 Web 中被设计成无版本的，特性可测试，向后兼容，可以被 JavaScript 调用，进入 JavaScript 上下文也可以像 Web API 一样调用浏览器的功能，既可以运行在浏览器上，也可以运行在非 Web 环境下。

10.2.3 安全加固方案

加解密方案保障了模型内容的机密性和完整性，代码安全保障了解密过程及推理过程的安全，但还需要用额外的安全加固方式来进行用户身份的认证和宿主环境的安全保障。借鉴移动终端的常用方案，这里介绍以下加固方案。

1. 身份认证与宿主校验

采用**混合密码体制**中介绍的加解密方案，会先在推理运行时请求到模型内容的密文、认证码及密钥密文，再对模型内容解密。而在解密之前，要验证宿主环境的安全性及用户身份，如采用 IBC 认证加密方案。在认证过程中会有一个安全中心作为资源方和应用方的连接，其中待加密的明文信息是加解密方案中产生的密钥密文。

- 安全中心会给资源方提供生成秘密令牌（自己持有）与访问令牌（可交予应用方），并注册可访问的服务域名白名单。
- 将运行环境的域名作为系统参数，将安全中心发放的访问令牌作为 ID，把秘密令牌（解密密钥）作为主密钥。
- 认证的逻辑：用系统参数与 ID 对密钥密文进行加密，资源方使用主密钥解密。解密成功后，继续验证访问服务的域名是否在注册的白名单内，若是则通过认证。

2. 反调试

反调试方案包括以下两点：

- 强制 debugger。JavaScript 自带 debugger 语法，可以检

查调试面板是否处于打开状态，若是则进入无限调试状态。检查的时机选取有两种，利用定时器实时检查，或者在代码生成阶段随机在部分函数体中注入反调试函数来检查。

- 过期时间。对在线推理模块的整体运行时间和关键路径的运行时间进行约束，若超过设定的阈值，则触发反调试函数，强制结束运行，并上报异常。

3. 推理逻辑加固

将整个推理运行时离线编译成 WebAssembly 模块（称为 A 模块），可保障代码安全。为了达到更高的安全性，还可采用加密方案中介绍的认证加密方式，首先把关键的推理逻辑代码编译成 WebAssembly 二进制格式，然后把它转换成 ArrayBuffer 再进行加密。在 A 模块中的身份认证与宿主校验环节进行的同时，对经过加密的推理逻辑代码进行解密并将其实例化成 WebAssembly 模块（称为 B 模块）。安全认证通过后，就可以调用 B 模块对模型进行推理。当然，这种加固方式会增加 Web 应用初始化的耗时，可在安全性和应用性两者间平衡选择。

10.3　安全方案

模型内容安全、代码安全和安全加固方案的实现，需要安全中心、离线部署和在线推理三方配合完成，如图 10-4 所示，详细分工及合作方案如下。

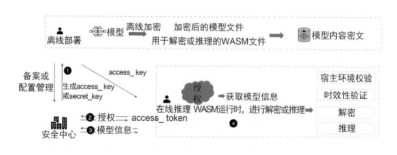

图 10-4　安全方案的实现

10.3.1　安全中心

安全中心是资源方与应用方之间的桥梁，资源方通过它进行备案和配置管理，应用方通过它进行授权和请求模型信息（认证服务）。

1. 备案

资源方在安全中心备案后，会得到图 10-4❶步骤中的 secret_key 与 access_key。其中 secret_key 由自己保存，不能交给他人，access_key 可交给应用方。

2. 配置管理

资源方对模型信息和授权访问限制进行配置。模型信息包括模型的两个网络文件地址和一些模型相关参数，这两个文件是由离线部署服务生成的，分别是加密后的模型文件和用于推理的运行时 WebAssembly 文件。授权访问限制的配置信息包含允许访问的服务域名白名单、授权服务的限制请求次数和请求逾期限制等。上述配置信息均可更新，secret_key 也可重置，但 access_key 不可修改。

3．授权

应用方在请求模型资源前，要得到资源方的授权，安全中心会提供这种授权服务。授权服务可采用 OAuth 2.0 协议授权机制，这是一种广泛使用的授权技术。图 10-5 抽象地描述了 OAuth 2.0 协议的执行流程，其中的授权服务和资源提供服务都可以由安全中心承担。

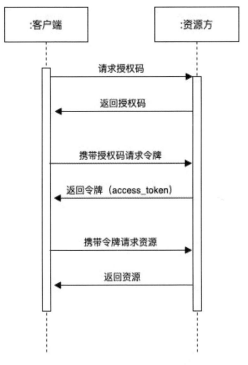

图 10-5　OAuth 2.0 协议的执行流程

OAuth 2.0 协议有四种授权许可类型，授权码（Authorization

Code）模式、简化（Implicit）模式、密码凭证（Resource Owner Password Credentials）模式和客户端凭证（Client Credentials）模式。推荐使用授权码模式，它的优点是安全性相对更高，缺点是需要 Web AI 应用有相应的服务端，但一般的 Web AI 应用都有相应的服务端。

图 10-5 中 access_token 的生成位于图 10-4 中的❷步骤，可采用 JWT（JSON Web Token，RFC 7519）技术生成 Bearer Tokens（RFC 6750）。具体地，应用方的服务端携带资源方交予的 access_key（由安全中心颁发），向安全中心的授权服务请求 access_token，授权服务将请求服务的域名、时间戳等信息序列化后转换成一个 JSON 字符串，然后使用 Base64 进行编码，并拼接 access_key，最后对这个字符串进行 RSA 加密签名，得到一个 JWT，作为 OAuth2.0 中的 access_token 返回给应用方的服务端。

4. 认证服务

在图 10-4 的❸步骤中，认证服务会通过 access_token 的有效性来辨别应用方的身份。应用方的服务端收到客户端发起的获取模型信息的请求后，携带从授权服务中获取到的 access_token 向安全中心的认证服务发起请求。认证服务对接收到的 access_token 进行解密，对解密后得到的 access_key、域名信息和时间逾期进行验证，验证无误后返回模型信息，应用方的服务端接收到后再返回给客户端。

至此，应用方的客户端收到模型信息，就可以进行后续的在线认证、解密、推理了。在这之前，先看一下离线部署是如何保障模型文件的安全性的。

10.3.2　离线部署

要想对模型内容进行加解密,需要对模型内容进行预处理、生成模型密文,同时生成对应的解密模块。这个过程可被封装成一个 SDK,供资源方进行离线部署。

1. 模型内容预处理

前端推理引擎在初始化阶段,首先会整合模型信息,生成神经网络拓扑结构,然后对图进行遍历,完成神经网络每一层算子的运算。所以在离线阶段,预先执行初始化,就能够获得经过优化、过滤的神经网络拓扑结构信息。进一步,还可以对其中会暴露模型结构特征的信息进行混淆处理,如算子名称、Tensor 名称等,混淆方式可选择变量替换或转换成十六进制。至此,就得到了经过提取、过滤、混淆后的模型信息作为明文。接下来就是生成模型密文和解密模块。

2. 生成模型密文

对模型信息序列化后转换成二进制格式并加密,加密算法可选择混合密码体制或轻量的认证加密方案。加密后会生成模型内容的密文;用于解密的密钥也会被加密,生成密钥密文,由资源方保管;模型内容密文会通过哈希计算生成对应的认证码。认证码可插入模型内容的密文中,生成最终的模型文件。

3. 生成有解密功能的推理运行时 WebAssembly 模块

WebAssembly 模块由安全加固、解密和推理三部分组成,其中安全加固的内容会在在线推理环节进行详细介绍,推理的部分由前端推理引擎的 WebAssembly 计算方案实现。至于解密，在选定加密方案后，对应的解密方案也就确定了，将解密逻辑封装并编译到 WebAssembly 模块中。由于不同的产品需求适合的加密方式不同，因此可按照加密强度与解密速度衡量选择，只是加密方式一定要与推理运行时中的解密方式对应。

至此，就得到了模型密文文件与即将在线运行的 WebAssembly 文件。将两个文件的网络地址及模型相关信息配置到安全中心后，应用方就能够在通过授权的前提下请求到模型信息。

虽然模型密文文件与在线推理运行时 WebAssembly 文件是离线生成的，但生成速度很快，若模型要求安全性比较高，则资源方可提供在线服务实时生成这两个文件。例如，安全中心在收到来自应用方的模型信息请求时，将调用在线生成加解密文件的服务。

10.3.3 在线推理

在线推理的核心能力是在离线私有化部署中生成的 WebAssembly 模块中完成的，所以 Web AI 应用要完成如图 10-4 所示的❹步骤中的几项操作。

第一，授权以获取模型信息，授权的详细过程可回顾 10.3.1 节内容，大致流程如下。

❶ 客户端向服务端发起获取模型信息的请求。

❷ 服务端向安全中心请求获取模型信息的 access_token，并将 access_token 缓存下来，定时更新，以免频繁请求被拒。

❸ 服务端携带 access_token 向安全中心请求认证，认证通

过后得到模型信息，交给客户端。

❹ 客户端获取模型信息后，加载模型密文文件与 WebAssembly 文件并实例化 WebAssembly，以获取推理运行时的入口模块。

第二，调用推理运行时入口，传入模型密文，完成安全加固、解密、推理和推理后处理。

❶ 安全加固。通过身份认证与宿主校验、反调试、推理逻辑加固等方式验证用户身份、运行环境的安全性与完整性，详细方案可参考 10.2.3 节内容。

❷ 解密。解密前要根据选定的加密方案获取密钥密文的解密密钥。例如，如果选定的加密方案是混合密码体制，且由资源方保存解密密钥，那么资源方需要提供相应的 TLS 服务，在 Web 应用运行时安全认证通过后提供解密密钥，Web 应用客户端用它来对密钥密文进行解密，进而解密模型密文。

❸ 推理。拿到解密后的模型信息后，可通过 WebAssembly 计算方案进行推理。

❹ 推理后处理。推理完成后，如果推理结果需要保密，则可为推理结果选择合适的加密算法进行加密，可将解密过程与推理后处理过程编译到一个单独的 WebAssembly 模块中。

10.4　总结

通过分析 Web AI 应用在 Web 环境下运行的整个过程，定位到存在安全隐患的薄弱环节，本章设计了一套方案来系统地解决 Web AI 推理及应用中的安全问题，保障资源方的模型安全性、完整性与可控性，防止应用方的应用被盗用、被调试。

首先，最好有一个安全中心用于隔离资源方与应用方，完成模型的配置管理与授权工作，保证安全的同时降低资源方的成本。

然后，在离线部署阶段，整合、过滤、混淆前端推理引擎的初始化后生成的模型拓扑结构信息，将结果作为待加密的明文信息，选择一种模型加密方案对模型明文信息进行加密，推荐使用混合密码体制或轻量的认证加密方案。接下来，将相应的解密算法集成到推理运行时中，编译成 WebAssembly 文件，作为在线推理的核心运行模块。

最后，当在线运行 Web AI 应用时，资源方向安全中心发送授权请求及认证服务请求，以获取模型信息。加载模型密文文件与 WebAssembly 文件并实例化 WebAssembly 模块，以获取推理运行时入口。调用推理运行时入口模块，并传入模型密文，以进行安全加固、解密、推理和推理后处理，推理结果按需加密。若需要保障推理的前后数据处理及后续的应用实现环节的安全性，则要将相应的逻辑连同选择的安全加固手段一起编译成 WebAssembly 文件。

第11章
Web AI 的发展趋势

关于 Web AI 发展趋势的展望，可谓天马行空。

需要注意的是，本书提及的 Web AI 在第 1 章中已经被规约到在浏览器的 Web 执行环境中的 AI 能力。事实上，随着浏览器的能力增强及网络基础设施的不断发展，任何 AI 技术都将被 Web 化，在高带宽的网络场景中，云端算力将通过边缘计算技术和移动通信网络的不断迭代而直达终端，带给用户近乎实时的体验。即便如此，在可预见的未来，充分利用终端能力的 Web AI 的解决方案还会持续发展。

本章从业务和基础技术两个维度与读者一起展望 Web AI 的发展趋势。

11.1　Web AI 的六大能力

从业务支撑或领域解决方案的角度来看，Web AI 可以为用户提供六大能力——信息、交互、行为、表达、增强和创作，如图 11-1 所示。

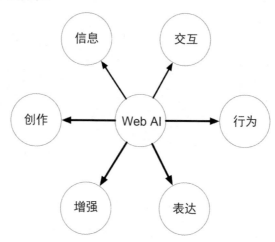

图 11-1　Web AI 的六大能力

1．信息

信息即向用户提供更优质的信息和内容。目前，端侧的本地推荐和智能 push 等技术已经在很多 App 中得到应用，它们可以根据用户的行为特征和用户画像智能地修改推荐给用户的信息流，即"端侧重排"。在 Web 端，为了给用户带来更好的浏览体验，类似的技术也在不断发展，收集用户特征从而进行决策的技术方案也可以集成在端内，即"端内特征工程"，借此不断修正云端或下发到端内的推荐模型，优化信息流的展现。

2．交互

交互即为用户提供更丰富的 Web 端的交互体验。众所周知，在百度等包含搜索功能的 App 中，多模态交互是一种常见的人机交互方式。多模态包括语音、视频、图像等内容载体，还能继续衍生。举一个例子，在不方便大声说话的场景中，可否让 AI 识别出人类的唇动，以了解用户想要搜索的内容？ Web AI 带来的新奇交互体验层出不穷，支撑的业务场景也在不断增加，从传统的 OCR、物体识别，到试卷批改、肤质检测，可以说，Web AI 是产品和技术融合的前哨。

3．行为

行为即能优化用户的操作行为路径。例如，在电商场景中，可以通过用户的点击、跳转和滑动等操作分析用户的心理状态，并且能够通过构建用户的行为路径网络，识别用户的意图，从而优化用户的操作路径。这种优化可以是"增加"，如让用户消费更多的内容，从而带来更多的收入；也可以是"减少"，缩短用户的支付路径，增加成单率。"你认为是你认为的，其实是 TA 让你认为的"，这里的"TA"就包含 Web AI。

4．表达

表达即将内容以更丰富的形式展示给用户。例如，可交互商品 3D 模型的在线浏览，能够提升用户在消费决策时的用户体验；提供美妆、试妆等在线体验功能，让用户可以实时地在自己的身上看到效果；家庭装修或购置家具家电时，通过 Web AI 技术智能分析房屋结构，提供一体化解决方案……这一切都让用户的参与感得到大幅度的提升，从而为实物和用户之间架起更为有效的桥梁。

5．增强

增强即让内容资产的效果增强，从而带来更好的用户体验。

第 1 章提到了直播场景的 AI 应用，其实就是增强的一个例子，从图像超分到智能降噪，在节省带宽成本的同时，能让用户享受到更优质的内容资源。当然，AR 中的 A（Augmented）也是一种增强，为现实物体增加虚拟元素，从而欺骗映入视网膜的视频流信息。未来在这个方向上，不光会有更多的玩法，还会出现一些"超越现有范式"的体验，就像互联网刚诞生的时候无法想象到现在流媒体技术的蓬勃进展一样，颠覆人类现在所感知到的一切。

6. 创作

创作即提供更智能化的创作内容。当用户打开视频社交软件，发一段用视频编辑器生成的带着 AR 功能的互动小视频时，其实就完成了一次创作，而这个创作的过程也是被 AI 加持的。除了视频、文字和图片的创作，也有 AI 的身影，如语法修正、文本自动生成、智能抠图、图片美化等。Web AI 会给创作者带来更优质的创作体验。当然，创作与表达能力相关，新颖的创作内容需要丰富的表达能力，而新奇的表达能力也会改变内容创作的方式。

总的来说，Web AI 的六大能力在未来会持续发展，并且会相互影响，共生共荣。如果你有好的洞察力，则会发现，这六大能力其实是围绕着内容的生产和展现，以及消费者的体验两条路径展开的。Web AI 的核心目标其实也是互联网的核心目标，即创造优质的内容并分享出来，并让更多的人更有效地接触和交流。

11.2　技术展望

提及技术，都会在后面加一个"栈"字。因为任何功能的实现，都依赖许多技术的相互融合，就如同打开任何一个 npm 包的 dependencies 定义，都会发现有对其他包的依赖，哪怕是最简单的包，在构建单元测试和编译流程时也需要其他技术的配合。

Web AI 也一样，它描述的是一个技术栈。本书提及了各种计算方案，包括 WebGL、WebGPU 和 WebAssembly，同时给出了模型和运行时优化的手段，以及模型加密方案，其中涉及的多线程、鉴权服务等方向也包含了其他技术发展至今的智慧结晶。

展望未来，Web AI 在技术层面会在"标准"和"端云协同"两个方面不断演进。

11.2.1　Web AI 的标准

提到标准，最先关注的是计算方案，即便是最新的 WebGL 2.0 对应的 OpenGL ES3.0 也是十多年前发布的，并且各个厂商（如苹果公司）对 OpenGL 支持的很多推进都处于搁置状态，需要像 WebGPU 这样的新技术兼容 D3D12、Metal 和 Vulkan 等新一代图形 API。因此像 Three.js 和 Babylon.js 等 3D 渲染框架，也在跟进对 WebGPU 的支持。在不远的将来，不排除会出现新的 Graphic 层的 API 封装。与此同时，周边的辅助开发工具和转换编译工具也将层出不穷。

此外，像 WebNN（Web Neural Network）和 WebXR 这样的开发层标准 API 也将持续发展。

WebNN 将硬件加速的深度学习带入 Web 浏览器中，这组 API 具备 Web-friendly（Web 友好）和 hardware-agnostic（硬件隔离）两个特点，不依赖于特定平台的功能，允许熟悉机器学习的 Web 开发人员在相关工具库的帮助下编写自定义代码。

WebXR 更聚焦于 VR 和 AR 领域。由于支持 VR 和 AR 应用程序的硬件越来越多，与沉浸式硬件交互的能力对于 Web 环境非常重要。WebXR 提供了很多沉浸式开发的基础功能，如设备查找、3D 渲染、创建代表输入控件运动的向量等。

除了计算方案和领域 API，Web AI 还会和业务层的 Web 框架深入整合。随着智能 UI 和前端智能化的不断发展，Web AI 将会成为许多前端组件解决方案里必要的基础设施。同时，任何一家公司采用的自研或在第三方组件库中都会包含**基础组件、业务组件和 AI 智能组件**，对 AI 能力的业务级别的抽象也将规范化，就像在任何组件库里都能找到的 Modal、Form 和 Table 等基础组件一样，以模型或功能分隔承载 AI 能力的组件也将为开发者所熟知。

11.2.2　Web AI 中的端云协同

端云协同，即终端（包括 Web 浏览器和 Native 客户端）和云上资源的协同。在 Web AI 场景中，端云协同的优势体现在用户体验优化、编译链路优化和协同训练优化上。

1．用户体验优化

在 Web AI 的六大能力中，我们提到了 Web AI 对用户行为和展现信息的影响。虽然可以充分利用端侧算力预判用户意图和改变展示内容的顺序及显隐，但是在很多场景下，仍然需要依赖云端算力解决复杂场景中的需求。例如，现在很多流媒体平台会基于用户行为日志进行推荐类模型的训练，并且针对不同人群和不同渠道发起不同的小流量实验，通过最终的产品效果确定采用什么样的端侧模型，让用户的浏览和观看视频的体验得到最大程度的提升。

2．编译链路优化

训练后的模型想要移植到 ARM、X86、Web 等运行环境，需要针对不同宿主环境的运行时封装——相信读者已经在本书领略了前端推理框架在兼容 Web 场景方面做的工作。事实上，针对从模型到端侧运行时的整体链路，也有对应的解决方案，如 TVM——由华盛顿大学在读博士陈天奇等人提出的深度学习自动代码生成方法，能自动为大多数计算机硬件生成可部署的优化代码，其性能可与最优的供应商提供的优化计算库媲美。随着技术的不断演进，在云端训练的模型不一定是以模型文件的方式交付给终端的，而是以可运行的二进制文件或代码包交付给终端的。当然，这需要深入整合 Web（客户端）技术和后端技术，还需要大量工程师不断调优编译链路。相信在未来，任何在云端针对模型的优化措施都会"顺着"编译链路直接影响到客户端。

3．协同训练优化

当前流行的"联邦学习"技术，原本用于解决安卓手机终端用户在本地更新模型的问题，现在用于在保证数据隐私安全及合法合规的基础上，实现共同建模、提升模型的效果。除了通过样本和特征共享，端侧的算力也可以贡献出来，通过分布式的算力调度系统，对云端算力进行协同优化，从而降低成本。

11.3　总结

展望未来，Web AI 在信息、交互、行为、表达、增强和创作六大场景中将发挥越来越大的作用。除此之外，Web AI 的基础能力还在不断加强，一方面完善计算方案和领域 API，并与现代的 Web 框架深入整合，另一方面利用云端算力和技术栈提升模型效果和用户体验。这一切让我们对 Web AI 的业务场景落地和基础技术发展充满了信心。

第 12 章
未来已来

2020 年 6 月 19 日，特斯拉前 AI 主管 Andrej Karpathy 在
"把玩"了 OpenAI 的 GPT-3 一个小时后，在 Twitter（推特）
上与 OpenAI 的团队负责人 Chris Olah 沟通时，明确了软件开
发已经进入新的 3.0 阶段，即 Prompt（提示）设计阶段，如
图 12-1 所示。

图 12-1　Andrej Karpathy 在讨论编程进化时的配图

事实上，GPT 模型在处理 Zero-Shot 问题时展现出了超强的能力，即在不用给出任务样例，只给出任务描述和任务提示的前提下就能产出丰富的答案。

> 说明：零次学习（Zero-Shot Learning，ZSL）期望模型能够像成熟的人类大脑一样，对从未见过的事物进行分类，具有推理能力，实现真正的智能。除了 Zero-Shot，还有 One-Shot 和 Few-Shot，它们的定义如下。

- **Zero-Shot**：只需要给出任务描述（Description）和任务提示（Prompt），模型就能生成答案。
- **One-Shot**：在给出任务描述的基础上，再给出一个例子（Example），并给出任务提示，模型就能生成答案。
- **Few-Shot**：与 One-Shot 的区别在于，需要给出更多的例子。

细心的读者会发现，这里不断出现提示（Prompt）一词，这也是 GPT 模型与人类交互的主要接口。不妨看一下，OpenAI 为了开发者能够快速体验其 API 设计了 Playground 工具，如图 12-2 所示。虽然图 12-2 的右侧面板包含了丰富的 API 组件（如 Mode、Model、Temperature 等）以影响最终模型产生的内容，但主要的功能还是与提示有关。

程序员（或其他职业从业人员）在调用 OpenAI API 的过程中，主要工作从设计算法和管理数据，变成了如何设计精巧的提示，从而让模型按照需求完成任务。

关于 ChatGPT 或文心一言等大语言模型（Large Language Model，LLM）如何出色地完成人类指定的任务的示例，这里不再一一赘述。在本书付梓之际，相信绝大多数读到本书的读者都或多或少地体会到了大语言模型带来的惊艳效果。我们不妨先了解一下以 GPT 为代表的大语言模型的基本运行原理。

图 12-2　Playground 工具

12.1　大语言模型简介

　　语言模型（Language Model）是自然语言处理应用程序中的重要组成部分。它的应用范围很广，文本生成、机器翻译和语音识别等领域都需要用到语言模型。在自然语言处理中，语言模型是一个非常重要的概念，因为它可以帮助机器更好地理解人类的语言。语言模型能够从大量的语料库中学习单词和句子的结构，并预测下一个单词或句子的概率分布，从而生成更加自然的文本。例如，在手机上使用自动完成功能时，当键入"生日"时，自动完成可能会提供"快乐"或"蛋糕"等建议。语言模型背后的算法基于概率模型来预测下一个单词或句子。

在 GPT-3 之前，自然语言处理任务的表现能力十分有限，没有一种通用的语言模型可以达到良好的生成文本的效果，一方面是因为技术路线（BERT 或 GPT）的选择，另一方面是因为在语料库和参数量没有达到一定数量级时，无法让语言模型发挥出"神奇"的效果。

> 提示：BERT（Bidirectional Encoder Representations from Transformers）和 GPT（Generative Pre-trained Transformer）都是基于 Transformer 架构的自然语言处理（Natural Language Processing，NLP）模型，BERT 主要用于自然语言理解（Natural Language Understanding，NLU）任务，如问答、情感分析和实体识别等，GPT 主要用于自然语言生成（Natural Language Generation，NLG）任务，如文本生成、文本摘要和对话生成等。对于二者的训练方式之间的区别，形象地来说：BERT 是在做"完形填空"，GPT 是在做"文本续写"。

12.1.1　什么是 GPT

在深入了解 GPT 之前，有必要了解"GPT"这三个字母的由来。

1. G——Generative Models

GPT 是一种生成模型，因为它可以生成文本，目前是自然语言处理领域中最先进的技术之一，它可以应用于各种应用程序，如聊天机器人、文本摘要和翻译等。

虽然我们日常都要面对大量的信息，但是需要明确的是，信息本身并没有价值。真正的价值在于我们如何利用这些信息。因此，开发能够分析和理解数据宝库的智能模型和算法至关重要。生成模型就是其中之一，它可以通过分析现有数据的规律，从而生成新的数据。这种方法不仅可以帮助我们更好地理解数据，还可以提供更多的信息，从而促进我们深入探索研究的领域。

训练模型是机器学习的关键步骤之一，它需要准备和预处理数据集。数据集是一组示例，可以帮助模型学习执行给定的任务。通常来说，数据集是某个特定领域的大量数据，如某些数据集有数百万张汽车图像，人们可以用它"教"模型什么是汽车。数据集也可以是句子或音频样本，用来训练模型生成类似的数据。这些数据集可以从许多渠道获得，包括互联网、数据库和其他公共资源。

在准备数据集之前，首先要确定模型需要什么类型的数据，这意味着需要了解模型的输入和输出，然后准备数据集，通常包括数据清洗、特征提取和数据转换等步骤。这些步骤可以确保数据集是干净和可用的，可以有效地用于训练模型。

在准备好数据集后，就可以开始训练模型了。训练模型是一个计算密集的过程，涉及迭代和多步优化。在训练过程中，模型将不断地调整自己的权重和偏差，以最小化损失函数并提高准确性。一旦完成了训练，就可以测试模型，并根据需要进行微调和优化。

2．P——Pre-Trained Models

预训练模型（Pre-Trained Models，PTMs）把 NLP 的发展带入了一个新的时代。为了创建一个表现良好的模型，需要使用一组称为参数的特定的变量进行训练，其间需要不断地迭代，深度学习模型需要很长时间才能找到这些理想的参数。这是一个漫长的过程，取决于任务的不同，可能需要数小时到数月的时间和大量的算力。这时，预训练模型就发挥了重要的作用，它与具体的任务无关，作为基座被迁移至各种具体任务中以提升整体的训练效率。

预训练模型是一种为更一般的任务进行训练的模型，可以使用类似迁移学习的方式，将预训练模型作为起点，并附加训练数据集来进行微调。这样，可以获得适用于特定问题的模型，而不必从头开始构建模型。

但是，表现良好的预训练模型是建立在大规模数据集的基础之上的，GPT 依赖的文本语料库中的数据量非常庞大，且来源丰富，包括网页抓取数据、图书文献及维基百科等。

我们经常听到有人说 GPT 模型的演进是一个"大力出奇迹"的过程，就在于这些大量且多样化的文本语料库。GPT 在完成指定任务的过程中不需要用户提供任何额外的示例数据，给人一种具备"创造力"的使用体验。

3．T——Transformer Models

Transformer Models 是一种机器学习模型，可以一次性处理文本序列，而不是逐个处理单词，并且具有强大的理解单词之间关系的能力。

自 2017 年被推出以来，Transformer Models 已成为学术界和工业界应对各种自然语言处理任务的事实标准，并且衍生出了很多应用程序。对程序员来说，最熟悉的无疑是 GitHub 的 Copilot，它可以将注释转换为源代码，并且在必要时帮助程序员快速地完成功能模块的编写。

Transformer Models 并非一夜走红，它结合了注意力（Attention）、迁移学习（Transfer Learning）和增强神经网络（Scaling up Neural Networks）等关键思想和技术点。

Transformer Models 的基础是序列到序列（Seq2Seq）模型的一种改进。Seq2Seq 模型是一种基于"编码器-解码器"（Encoder-Decoder）架构的模型（见图 12-3），通常使用递归神经网络（RNN）作为编码器和解码器的组件，特别适用于翻译任务。谷歌翻译在 2016 年便开始使用 Seq2Seq 模型。

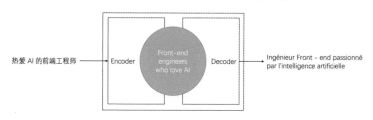

图 12-3 从翻译理解"编码器-解码器"

在使用 RNN 处理序列数据的 Seq2Seq 模型中，由于 RNN 模型存在缺陷，因此在处理较长序列时会遇到性能瓶颈。为了解决这个问题，Transformer Models 使用了自注意力（Self-Attention）机制和多头注意力（Multi-Head Attention）机制，取代了传统的 RNN 结构，从而可以更好地处理长序列，并且提高了模型的并行度，加快了训练速度。

12.1.2 超大语言模型带来的能力跃升

语言模型是一种机器学习模型，通常用于预测给定一段文本序列的下一个可能单词或字符。它是一种无监督学习模型，因此不需要人工标记的训练数据。而大语言模型是指通过对大量文本数据进行分析来学习语言的结构和规律，从而生成一个能够预测下一个单词或字符的概率分布。大语言模型可被应用于许多自然语言处理任务，如语音识别、机器翻译、文本生成和自动摘要等。

大语言模型之所以被称为"大"，是因为在预训练阶段使用了庞大的语料库，模型参数量也非常大，如表 12-1 所示。

表 12-1   大语言模型的语料库和参数量规模对比

模型	语料库大小	参数量/个
GPT-1	40 GB	117M（百万）
GPT-2	1.5 TB	1.5B（十亿）
GPT-3	570 GB	175B（千亿）
GPT-4	未透露，远大于 GPT-3	100T（百万亿）

事实上，当模型的规模达到 GPT-3 及以上时才能称为超大规模语言模型。而在 GPT-3 出现之后，行业内针对它新提供的功能，经常用到"涌现"二字。因为这些功能是通过在大量文本数据上进行无监督训练而"自然产生"的。换句话说，GPT-3会执行各种任务，是因为它在训练过程中学会了理解和生成人类语言，并在此基础上推断出如何解决特定问题。

"涌现"描述了一种自组织现象，即在没有明确指导的情况下，在简单的基本规则中自然地产生复杂的行为和功能。在 GPT-3 中，通过在大规模数据集上进行训练，模型可以生成连贯的文本、回答问题、编写代码，甚至进行一定程度的推理。这些功能并不是针对特定任务进行优化的，而是在训练过程中从数据中自然产生的。

GPT-3 的"涌现"现象让人们对 AI 产生了更高的期望，因为它表明了在训练过程中，深度学习模型可以发现潜在的结构和规律，从而在各种任务中展现出惊人的能力。

12.1.3　GPT-4 的又一次生长

GPT-4 是 OpenAI 在深度学习扩展方面的里程碑，与之前的版本不同，它是一个大型多模态模型。

多模态是指人和计算机通过除文字外的其他媒介方式交互，如图像、语音和视频等。

虽然在非正式对话中，OpenAI GPT-3.5 和 GPT-4 之间的区别可能不十分明显，但当任务的复杂性达到足够的级别时，区别就会显现出来——GPT-4 比 GPT-3.5 更可靠、更有创意，能够处理比 GPT-3.5 更复杂的指令。例如，GPT-4 在各种专业和学术基准测试中达到了优秀人类的水平，在模拟的律师考试中得分在测试者的前 10%，而此前的 GPT-3.5 的得分则在测试者的后 10%，如图 12-4 所示。

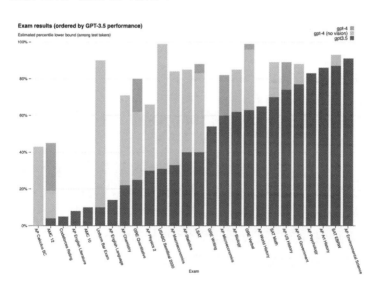

图 12-4　GPT-4 和 GPT-3.5 在各种考试中的效果对比

　　除此之外，GPT-4 接收的提示语可以包括图像、文字两种媒介类型，它可以针对图像和文字混排的提示语给出相应的文本回答。提示语可以包括带有文本和图像的文档、图表或屏幕截图，GPT-4 会给出与纯文本输入时一样的输出，如图 12-5 所示。

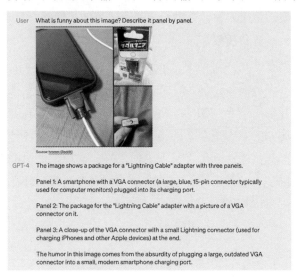

图 12-5　GPT-4 针对图像和文字混排的提示语给出相应的文本回答

12.1.4　回答准确性和可解释性

　　尽管 GPT-4 又"涌现"出许多新的功能，但它与早期的 GPT 模型具有类似的局限性，即无法保证回答的准确性，用在涉及重要决策的领域（如医疗、审查）中会导致灾难性的结果。与准确性相伴的问题在于模型的"可解释性差"。

　　GPT-3 之后的大语言模型与先前的模型的区别不仅在于能力的跃升，而且在于模型优化和训练流程方面有重大变化。在传统模型的训练过程中，要想在特定领域做出较好的效果，有一个很重要的步骤是微调（Fine-Tune），即需要重新提供大量的例子并调节模型，"教"模型输出更好的结果。

这种流程限制了大语言模型在不同领域之间的泛化能力，这种情况在 GPT-3 出现之后发生了变化，研究人员只需要提供少量的范例，且范例之间只要有正确的逻辑关系，则 GPT-3 就会给出相应合理的结果，而且大概率是正确的。不过，这一过程如此复杂，以至于不可梳理出明确的因果关系来解释模型推理的过程。

前文一直强调的"涌现"现象，让大语言模型可能带来不可预测的行为和结果，这也是为什么在使用 GPT 时要谨慎对待输出的结果。

12.2　前端和大语言模型

对程序员来说，大语言模型带来的变革最直接的是"写代码的效率更高"了，在各种相关工具中，最熟悉的莫过于 GitHub Copilot。

据统计，在 GitHub Copilot 上线不到两年内，就已经帮助 100 多万名开发者编写了 46% 的代码，提高了 55% 的编码速度。而对于最新版本的 Copilot X，则覆盖了编程方面的更多功能，包括文档、单元测试等。

曾几何时，我们挂在嘴边的"Talk is cheap, Show me the code"变成了过去式，"Talking is as important as coding"的时代到来了。

在新时代下，前端（可以扩展到任何与编程相关的岗位）开发必然要进行一场"范式"革命，从面向经验和文档的开发方式，迁移至结合大语言模型的"联合开发"模式。

随着 GPT 等模型能力的不断提升，可以预见的是，大语言模型会从帮助开发者提升效率跃迁为帮助开发者端到端地解决编程问题。

12.2.1　提示语是一切的核心

在介绍如何利用大语言模型解决实际问题之前，我们需要明确一个观点：**提示语是一切的核心**！

我们和 GPT 等大语言模型之间是"命令者"和"执行人"之间的关系。GPT 能否按照需求产出相应的代码和文档，取决于提示语的质量。

事实上，因为并不是所有人都具备给出高质量提示语的能力，所以围绕提示语，有很多公司和团队已经在尝试通过工具和平台来增强提示语，主要包含两方面的增强：**优化提示语**和**能力扩展**。

1．优化提示语

针对提示语本身的优化是对一个人"语言能力"和"技术理解力"的双重考验，在 GitHub 上获得数万条赞的仓库"Awesome-Chatgpt-Prompts"给出了在各个领域（学术论文、内容创作、广告文案等）中优秀的提示语范例。

例如，我们首先可以通过以下提示语让 ChatGPT 化身为一个 Linux 终端。

I want you to act as a Linux terminal. I will type commands and you will reply with what the terminal should show. I want you to only reply with the terminal output inside one unique code block, and nothing else. do not write explanations. do not type commands unless I instruct you to do so. When I need to tell you something in English, I will do so by putting text inside curly brackets {like this}. My first command is pwd.（我想让你扮演 Linux 终端，我会输入命令，你会回复终端应该显示什么。我希望你仅仅在唯一的代码块内回复终端输出，不要其他的任何东西，不要写解释。除非我指示我这样做，否则不要输入命令。当我需要用英语告诉你时，我会用花括号将文本包起来，如 { }。我的第一个命令是 pwd。）

接着我们就可以在多轮会话中与 ChatGPT 进行交流，如图 12-6 所示。

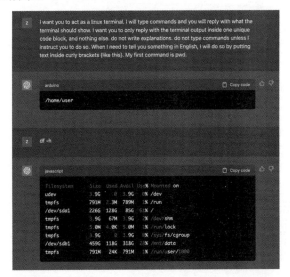

图 12-6　ChatGPT "化身" 为一个 Linux 命令行终端

除了时刻保持给出高质量的提示语的意识，有公司还尝试把优化提示语的过程自动化。例如，如果我要借助 DALL-E 2 生成一张图像，需求是提供一张 "a cute magical flying dog（一只可爱的神奇飞行狗）"图像，那么 Jina AI 公司的 PromptPerfect 可以帮我优化提示语，从而生成一张可爱的神奇飞行狗的图像，如图 12-7 所示。

A magical golden retriever puppy flying in midair, surrounded by a glowing aura of pink and purple fairy dust. The puppy is looking up at the camera with bright eyes full of wonder and amazement.（一只神奇的金毛寻回犬在半空中飞行，周围是粉红色和紫色的精灵尘埃。小狗抬头看着摄像机，明亮的眼睛充满了好奇和惊讶。）

图 12-7　PromptPerfect 对提示语进行的优化

提示：DALL-E 2 是 OpenAI 开发的第二代 DALL-E 系统。DALL-E 的原始版本是一种先进的 AI 图像生成模型，能够通过文本描述生成对应的图像。它融合了自然语言处理和计算机视觉技术，实现了从文本到图像的转换。DALL-E 基于 GPT-3 模型进行训练，因此具备生成准确、有趣和富有创意的图像的能力。

2．能力扩展

ChatGPT 推出的插件能力是对提示语进行能力扩展的绝佳代表，如图 12-8 所示。事实上，能力扩展不仅可以优化提示语，还可以优化模型回复的内容。

在与 ChatGPT 聊天时，可以通过指定插件让返回的内容针对插件的功能进行结构化的输出，从而满足特定领域的功能需求。

图 12-8　OpenAI 关于插件能力的演示

这些插件的功能覆盖了旅游、购物和数据分析等领域，如图 12-9 所示。

图 12-9　ChatGPT 的首批插件

除了插件，fixie.ai 提供的针对大语言模型的代理思路也值得关注。实际上，代理是另一种类型的插件，它可以自动地将用户的提示语"路由"到对应的代理中，并调用封装好的云函数来完成某个任务，如图 12-10 所示。

图 12-10　fixie.ai 官网给出的对股票查询功能封装的代理实现

此外，2023 年 3 月诞生的 Auto-GPT 也为 GPT 能力的延伸提供了新的思路。用户可以通过交互式对话同 Auto-GPT 中设定的 AI 角色进行沟通，指定任务并明确目标。Auto-GPT 会将任务拆解，并能够从互联网中获取资源，将返回的数据结构化。例如，访问互联网、写文件等功能，Auto-GPT 以 command（命令）的方式封装，调用何种 command 先由 GPT-4 等大语言模型分析给出，再由用户来决策是否接受 command 的调用如图 12-11 所示。

```python
# Define the command list
commands = [
    ("Google Search", "google", {"input": "<search>"}),
    (
        "Browse Website",
        "browse_website",
        {"url": "<url>", "question": "<what_you_want_to_find_on_website>"},
    ),
    (
        "Start GPT Agent",
        "start_agent",
        {"name": "<name>", "task": "<short_task_desc>", "prompt": "<prompt>"},
    ),
    (
        "Message GPT Agent",
        "message_agent",
        {"key": "<key>", "message": "<message>"},
    ),
    ("List GPT Agents", "list_agents", {}),
    ("Delete GPT Agent", "delete_agent", {"key": "<key>"}),
    ("Write to file", "write_to_file", {"file": "<file>", "text": "<text>"}),
    ("Read file", "read_file", {"file": "<file>"}),
    ("Append to file", "append_to_file", {"file": "<file>", "text": "<text>"}),
    ("Delete file", "delete_file", {"file": "<file>"}),
    ("Search Files", "search_files", {"directory": "<directory>"}),
    ("Evaluate Code", "evaluate_code", {"code": "<full_code_string>"}),
    (
        "Get Improved Code",
        "improve_code",
        {"suggestions": "<list_of_suggestions>", "code": "<full_code_string>"},
    ),
    (
        "Write Tests",
        "write_tests",
        {"code": "<full_code_string>", "focus": "<list_of_focus_areas>"},
    ),
    ("Execute Python File", "execute_python_file", {"file": "<file>"}),
    (
        "Execute Shell Command, non-interactive commands only",
        "execute_shell",
        {"command_line": "<command_line>"},
    ),
    ("Task Complete (Shutdown)", "task_complete", {"reason": "<reason>"}),
    ("Generate Image", "generate_image", {"prompt": "<prompt>"}),
    ("Do Nothing", "do_nothing", {}),
]
```

图 12-11　Auto-GPT 以 command 的方式封装

经过多轮交互，Auto-GPT 可以整合大语言模型的能力和外接资源，完成用户的任务。

12.2.2　学会如何与 GPT 交流

总的来说，我们在与 GPT 交流时要遵循"ABCD"原则，以更好地驱动大语言模型完成我们所需要的任务。

（1）**准确（Accuracy）**。准确在这里有两个含义。第一个含义是要"明确问题"，以便 GPT 更好地理解问题并提供有针对性的答案；第二个含义是要"避免歧义"，应避免使用模糊或具有多重含义的语言，以免引起歧义，影响交流效果。

（2）**背景（Background）**。在让 GPT 模型进行"角色扮演"的情况下，需要提供充足的背景信息，以使 GPT 了解与用户沟通的方式。除了前文提到的 Linux 命令行终端的例子，如果我们希望 GPT 扮演"英语翻译员"的角色，那么需要提供足够的背景信息，如图 12-12 所示。

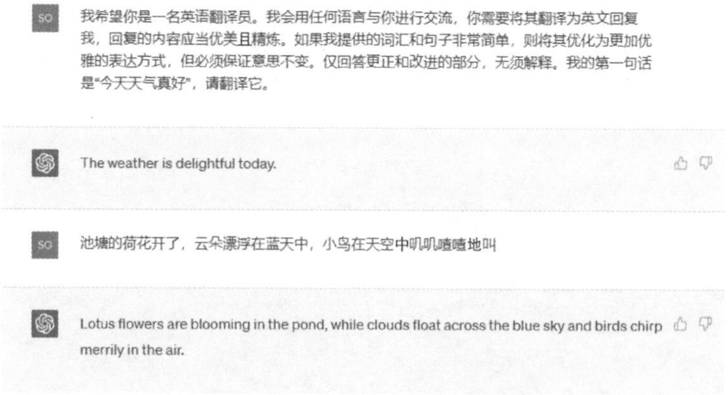

图 12-12　在 ChatGPT 中的实践效果 1

（3）简洁（**Conciseness**）。GPT 是一种基于自然语言处理技术的模型，是通过对大量文本数据的学习而得出的模型，因此它具备理解和使用各种不同自然语言表达方式的能力。但是，GPT 仍然是一种机器学习模型，无法理解人类思考的复杂性和情感因素。这意味着当与 GPT 进行交流时，需要使用简洁明了的语言，以便它更好地理解用户的意图。

（4）分治（**Divide-and-Conquer**）。面对复杂问题，人类解决问题的思路往往是先将其进行分解，然后逐步解决，即分而治之。

类似地，大语言模型在处理复杂问题时也会将任务进行拆分，并给出中间的思考过程，这个过程被称为思维链（Chain-of-Thought），如图 12-13 所示。与直接给出"提示语-回答"不同，思维链解决问题的方式是"起始语-思维链-得到结论"。需要注意的是，思维链并不是一种完全自动化的过程，由于它可能受限于模型的先验知识和语言数据，因此在某些情况下可能会出现意外结果。

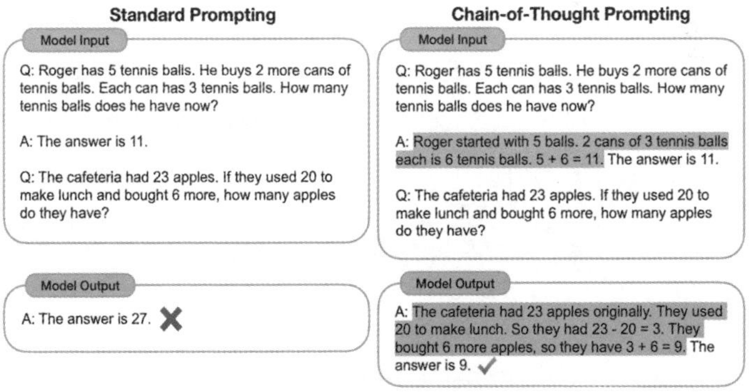

图 12-13　思维链示意图

这种分治的方法在与 GPT 进行多轮交互对话时也值得借鉴。尽管 GPT-4 已经支持 32000 个 token 的上下文，远超过了 GPT 3.5 的 4096 个 token，但依然无法覆盖所有的使用场景。

> 提示：在文本处理中，我们通常使用预处理技术，将原始文本数据转换成机器学习算法或模型所需的格式。其中，token 是预处理后的文本数据中的基本单元，指的是被分割的词语、标点符号、数字等，通常还需要进行标记化和编码等处理，以便机器学习算法或模型能够更好地理解和处理。一般来讲，1 个 token 约等于 0.75 个英文单词，或者 0.4～0.5 个汉字。

例如，当处理超长文本生成摘要时，首先将文本按章节拆分成多个部分，每个部分都可以分别生成摘要，然后将各部分的摘要合并起来，这样可以降低整个任务的复杂度，也可以更加高效地处理文本数据。

微软开源了一款助力开发大语言模型相关应用的工具的 SDK 库——Semantic Kernel，在源代码中可以看到许多与提示语相关的配置模板。如果仔细查看，则会发现其中有许多优质的提示语都附带了示例，这有助于大语言模型理解用户的意图，如图 12-14 和图 12-15 所示。

图 12-14　Semantic Kernel 中给出的"提供有趣借口"的例子

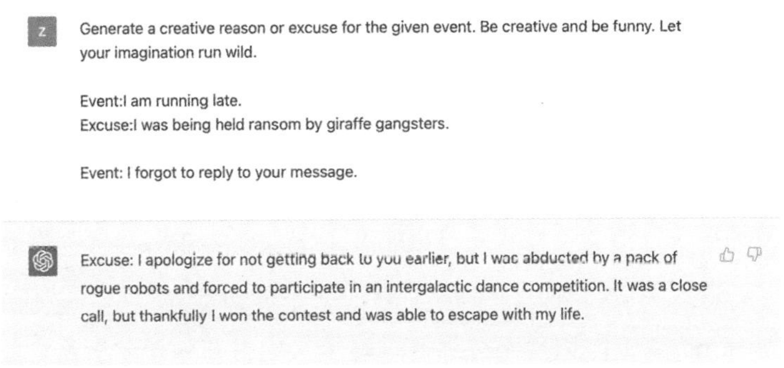

Generate a creative reason or excuse for the given event. Be creative and be funny. Let your imagination run wild.

Event:I am running late.
Excuse:I was being held ransom by giraffe gangsters.

Event: I forgot to reply to your message.

Excuse: I apologize for not getting back to you earlier, but I was abducted by a pack of rogue robots and forced to participate in an intergalactic dance competition. It was a close call, but thankfully I won the contest and was able to escape with my life.

图 12-15　在 ChatGPT 中的实践效果 2

正确的举例对 GPT 等大语言模型作出正确的响应来说至关重要。

12.2.3　用 GPT 优化工作流

对于前端开发等编程工作来说，GPT 是一款利器。它和我们之前使用的开发辅助工具不同，并不是针对某一研发环节进行优化的，如 IDE 对于编码工作，调试器对于 Debug 工作等，而是可以帮助我们优化整体的开发工作流。

事实上，Copilot X 在这方面已经为开发者提供了全面支持，旗下的 Copilot Chat、Copilot for Pull Request、Copilot CLI 和 Copilot Doc 已经覆盖了从开发、测试到文档生成的各个环节。开发者要了解如何与 GPT 进行更有效的交流来提升开发效率。

以 ChatGPT 为例，它可以在技术调研、工程开发两个方面帮助程序员提升工作效率。

1．技术调研

在大语言模型没有展现出如此惊艳的能力之前，程序员主要依赖搜索引擎进行技术调研。这里的搜索引擎不仅包括谷歌、百度、必应等通用搜索引擎，还包括许多与编程相关站点的内置搜索引擎，如 GitHub、StackOverflow、稀土掘金和 CSDN 等。

ChatGPT 刚出现不久，便引发了人们对其和搜索引擎之间关系的热议，其中最常问到的问题：ChatGPT 是否会在未来取代搜索引擎？

关于这个问题，我们必须先对比 ChatGPT 和搜索引擎的区别，特别是在信息获取层面。在 2023 年年初，Google Bard（Google 自主研发的大语言模型）的发布会上，发布者指出了大语言模型特别适合回答 NORA（Not One Right Answer）类型的问题，即那些没有唯一正确答案的问题。类似 ChatGPT 的大语言模型擅长给出完整的方案，搜索引擎提供的是碎片化的信息。用户在搜索时，就像在破案，每次搜索得到的只是一些零碎的线索和断片信息，解决的也只是用户想要探究领域的某个分支问题。最终，人类需要整合搜索结果来得出结论。

简而言之：ChatGPT 特别适合给出启发，而搜索引擎更擅长给出材料。

但这并不意味着无法像使用搜索引擎一样使用 ChatGPT，完全可以让 ChatGPT 帮我们进行"枚举"，如枚举解决方案，或者枚举解决问题的思路，如图 12-16 所示。

Z 我现在想用一款前端推理引擎来实现物体识别的功能，请问有哪些技术选型方案？

针对物体识别的前端推理引擎，以下是一些可能的技术选型方案：

(1) TensorFlow.js：这是谷歌开发的一个基于 JavaScript 的机器学习库，支持在浏览器和 Node.js 环境下进行深度学习的训练和推理，包括图像分类、物体检测等任务。TensorFlow.js 支持预训练模型，也可以使用自定义模型进行推理。

(2) ONNX.js：这是微软升发的一个基于 JavaScript 的深度学习推理引擎，支持在浏览器和 Node.js 环境下进行深度学习的推理，包括图像分类、物体检测等任务。ONNX 支持使用 ONNX 格式的模型进行推理，同时可以转换其他常见深度学习框架的模型为 ONNX 格式进行推理。

(3) Keras.js：这是一个基于 JavaScript 的深度学习库，支持在浏览器和 Node.js 环境下进行深度学习的推理，包括图像分类、物体检测等任务。Keras.js 支持预训练的 Keras 模型，也可以使用自定义的 Keras 模型进行推理。

(4) Caffe.js：这是一个基于 JavaScript 的深度学习库，支持在浏览器和 Node.js 环境下进行深度学习的推理，包括图像分类、物体检测等任务。Caffe.js 支持使用 Caffe 模型进行推理。

(5) Paddle.js：这是一个基于百度深度学习框架 PaddlePaddle 的 JavaScript 库，可以在浏览器端和移动端上进行深度学习的推理，如图像分类、目标检测、语义分割等任务。Paddle.js 的优点之一是提供了一个基于 PaddlePaddle 的深度学习模型库，包含许多预训练的深度学习模型，可以直接使用或在此基础上进行微调，同时支持自定义模型的导入和使用。

以上推理引擎都支持在浏览器中进行物体识别，可以通过 JavaScript 的 API 进行调用，对于不同的场景和任务，可以根据需要选择不同的推理引擎。

图 12-16 让 ChatGPT 枚举解决方案

在教育学里，针对提问方法，有一个特别推崇的原则是"启发式提问"。启发式提问的一个特点是问题往往是开放的，而非闭合的。以"推理引擎技术选型"为例，如果在进行技术调研时直接问某种框架是否适合给定的开发场景，则无法启发大语言模型给出丰富的答案。

在技术调研过程中，除了利用"枚举"型提示语来发挥大语言模型百科全书式的知识供给能力，还有其他几条提示语的优化方法。

第一种是提供线索而非结论。ChatGPT 等大语言模型对时效性内容的支持程度不够好，微软 Bing 的新一代生成式搜索引擎已经很好地整合了时效性内容和大语言模型的返回结果。但是，当想要获取更多的时效性内容，或者想要知道具体知识点所覆盖的"查询路径"时，可以让 ChatGPT 提供线索，而非直接给出结论，如图 12-17 所示。

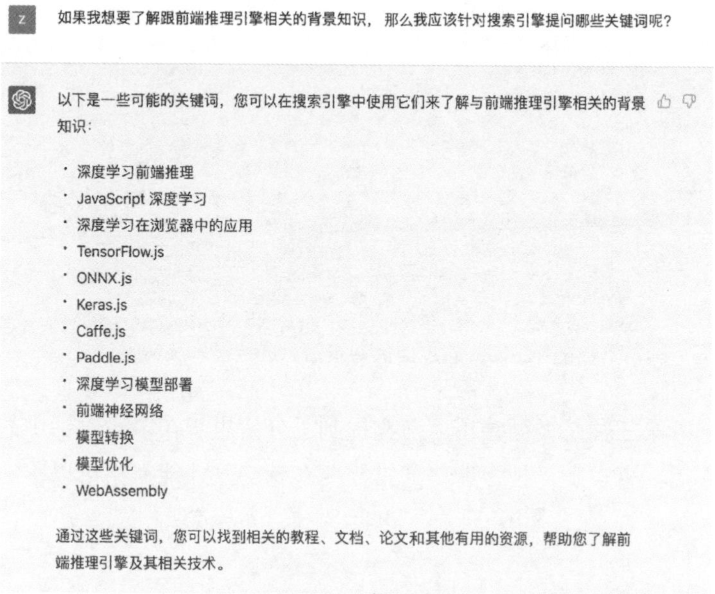

如果我想要了解跟前端推理引擎相关的背景知识，那么我应该针对搜索引擎提问哪些关键词呢？

以下是一些可能的关键词，您可以在搜索引擎中使用它们来了解与前端推理引擎相关的背景知识：

- 深度学习前端推理
- JavaScript 深度学习
- 深度学习在浏览器中的应用
- TensorFlow.js
- ONNX.js
- Keras.js
- Caffe.js
- Paddle.js
- 深度学习模型部署
- 前端神经网络
- 模型转换
- 模型优化
- WebAssembly

通过这些关键词，您可以找到相关的教程、文档、论文和其他有用的资源，帮助您了解前端推理引擎及其相关技术。

图 12-17　让 ChatGPT 提供线索而非结论

第二种是提供充分的背景信息。前文"ABCD"原则中提到了背景信息的重要性。在进行技术调研的过程中，提供背景信息时要尽量满足"3W"原则。

- **Why**：你为什么有这样的需求。
- **What**：你想要做什么事情。
- **Where**：你的环境（或者说你拥有的资源）是什么样的。

下面仍以前端推理引擎为例进行说明，如图 12-18 所示。

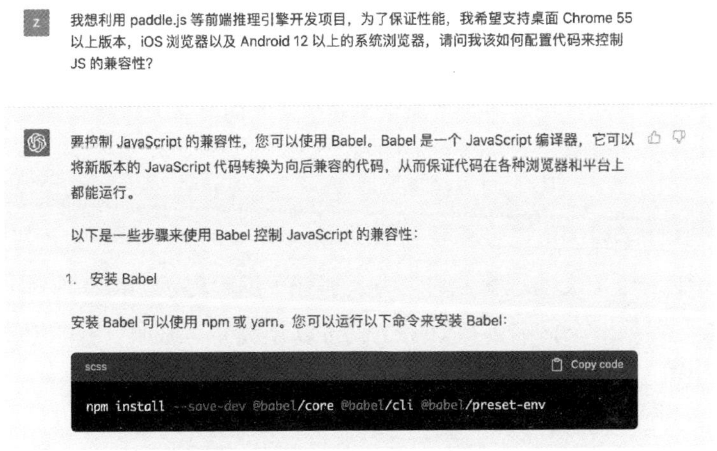

图 12-18　通过提供背景信息进行技术决策

　　第三种是循循善诱。前文提到了分治思想在多轮对话中的作用。事实上，技术调研通常需要多轮交互才能得出可以落地的技术方案。

　　在与 ChatGPT 等大语言模型交互时，也要通过任务拆分，来对大语言模型"循循善诱"。特别是在进行方向不确定的技术调研时，不妨把与 ChatGPT 的交互拆分为以下两个动作。

- **给出领域内解决该问题的方案选型**。这里要遵从前面提到的"提供线索而非结论"的原则，让大语言模型能够输出多种解决方案。
- **针对某种方案选型通过多轮对话了解方案全貌**。针对一个技术方向的追问，可以让我们充分了解其中的细节，甚至找出大语言模型在回答问题中的思维链，分解其决策过程，强化我们对于某个技术方向的认知。

通过上述方法，可以让技术调研游刃有余。需要强调的是，ChatGPT 等大语言模型在回答问题时的准确性还存在不少问题，需要仔细甄别。

2. 工程开发

许多程序员已经感受到了 Copilot 带来的开发体验的革新。GPT 对上下文的理解能力，大大加强了编程提示功能。针对一段注释或一个命名函数，GPT 就可以预测并"追加"出你想要的代码。

GPT 可以在以下三个层面提升开发效率。

- **功能点**：GPT 有许多有代表性的能力，如"正则表达式""构建 HTTP 请求""初始化某三方库"等。例如，我们可以让 ChatGPT 提供模型前处理需要的 Canvas，并把用户上传的图片加载其中，如图 12-19 所示。
- **模块实现**：对于收敛于独立功能模块的代码，ChatGPT 可以帮助开发者编写整个代码模块，甚至只需要微调生成的代码即可。此外，开发者还可以就模块的具体实现提出额外的要求。例如，可以让 ChatGPT 使用 paddle.js 中的 MobileNet 模型来实现一个 JavaScript 模块，该模块支持传入图片地址，并直接返回物品信息，如图 12-20 所示。

请为我用 JavaScript 创建一个 Canvas，支持用户上传图片，并且将图片放入该 Canvas 中。Canvas 大小需要匹配图片大小，同比例缩放到宽高都不超过 500px。

省略...

JavaScript 代码：

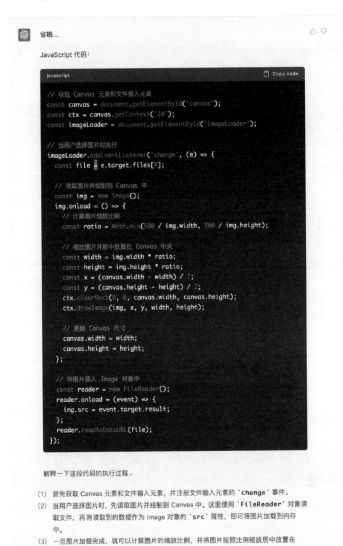

```javascript
// 获取 Canvas 元素和文件输入元素
const canvas = document.getElementById('canvas');
const ctx = canvas.getContext('2d');
const imageLoader = document.getElementById('imageLoader');

// 当用户选择图片时执行
imageLoader.addEventListener('change', (e) => {
    const file = e.target.files[0];

    // 读取图片并绘制到 Canvas 中
    const img = new Image();
    img.onload = () => {
        // 计算图片缩放比例
        const ratio = Math.min(500 / img.width, 500 / img.height);

        // 缩放图片并居中放置在 Canvas 中央
        const width = img.width * ratio;
        const height = img.height * ratio;
        const x = (canvas.width - width) / 2;
        const y = (canvas.height - height) / 2;
        ctx.clearRect(0, 0, canvas.width, canvas.height);
        ctx.drawImage(img, x, y, width, height);

        // 更新 Canvas 尺寸
        canvas.width = width;
        canvas.height = height;
    };

    // 将图片读入 Image 对象中
    const reader = new FileReader();
    reader.onload = (event) => {
        img.src = event.target.result;
    };
    reader.readAsDataURL(file);
});
```

解释一下这段代码的执行过程。

(1) 首先获取 Canvas 元素和文件输入元素，并注册文件输入元素的 `change` 事件。

(2) 当用户选择图片时，先读取图片并绘制到 Canvas 中。这里使用 `FileReader` 对象读取文件，再将读取到的数据作为 Image 对象的 `src` 属性，即可将图片加载到内存中。

(3) 一旦图片加载完成，就可以计算图片的缩放比例，并将图片按照比例缩放居中放置在 Canvas 中央。这里使用 Canvas 的 `drawImage` 方法来绘制图片。

(4) 最后，更新 Canvas 的尺寸为缩放后的图片尺寸。

图 12-19　ChatGPT 给出功能点代码及实现思路

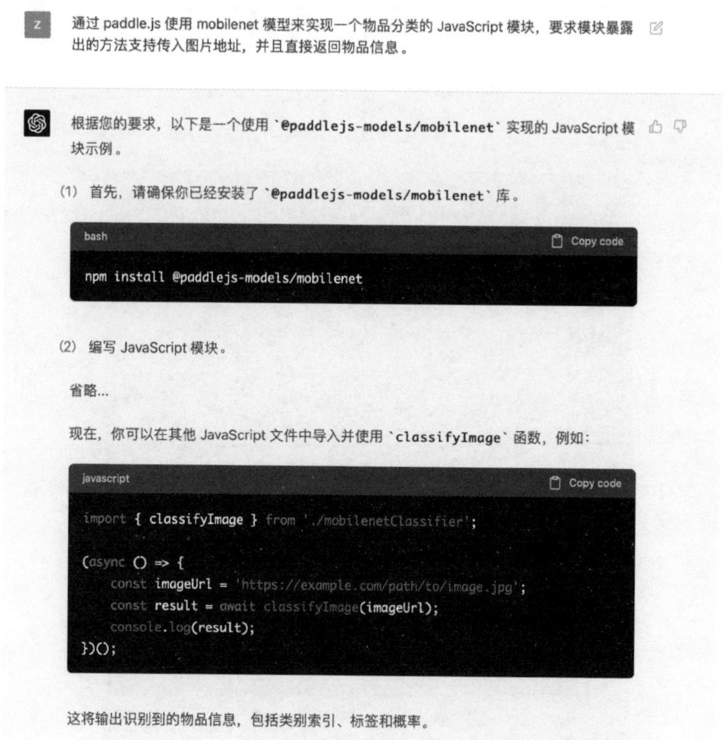

> 通过 paddle.js 使用 mobilenet 模型来实现一个物品分类的 JavaScript 模块，要求模块暴露出的方法支持传入图片地址，并且直接返回物品信息。

根据您的要求，以下是一个使用 `@paddlejs-models/mobilenet` 实现的 JavaScript 模块示例。

(1) 首先，请确保你已经安装了 `@paddlejs-models/mobilenet` 库。

```bash
npm install @paddlejs-models/mobilenet
```

(2) 编写 JavaScript 模块。

省略...

现在，你可以在其他 JavaScript 文件中导入并使用 `classifyImage` 函数，例如：

```javascript
import { classifyImage } from './mobilenetClassifier';

(async () => {
    const imageUrl = 'https://example.com/path/to/image.jpg';
    const result = await classifyImage(imageUrl);
    console.log(result);
})();
```

这将输出识别到的物品信息，包括类别索引、标签和概率。

图 12-20　实现一个物品分类的 JavaScript 模块

- **代码及周边优化**：Copilot X 提供了单元测试生成和文档生成等功能，让我们能够快速完善整个工程，并且产出高质量的代码。当然，对开发者来说，最直接的帮助莫过于针对已编写的代码进行直接优化。例如，针对排序方法，ChatGPT 可以提供优化建议，并指出可能存在的代码漏洞，如图 12-21 所示。

我们可以发挥 GPT 基于 One-Shot 或 Few-Shot 的强大的扩展编程能力，即给出一个或几个例子，让 GPT 写出符合规则的代码，如图 12-22 所示。

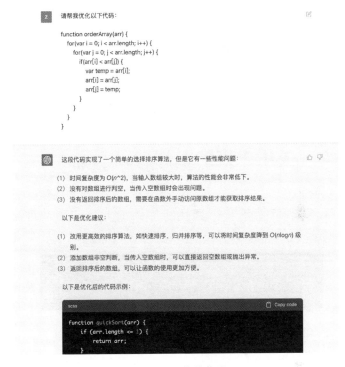

图 12-21　优化代码

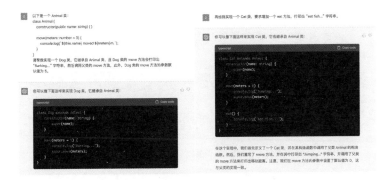

图 12-22　让 GPT 写出符合规则的代码

这特别适合我们希望通过固定模式（如针对某个基类）来编写新代码的场景。如果对于历史代码，我们也希望采用同样的模式扩展开发，则必须给出尽可能准确的说明。当然，类似的功能在 Copilot 等工具中也有对应的包装。需要注意的是，必须提供准确且明晰的样例，以便 GPT 理解如何生成符合要求的代码。

12.3　关于未来的畅想

我们不得不承认：通用人工智能（Artificial General Intelligence，AGI）的时代已经到来。在 ChatGPT 横空出世之前，人们还认为 AGI 是遥不可及的事情。

对于一些职位（如律师、客服和行政人员）来说，大语言模型带来的冲击是巨大的。一般具有以下五类特征的工作容易被大语言模型替代。

- **重复性高**：ChatGPT 等工具可以替代重复性高的工作，如文本输入和处理、文件整理和排序、简单的数据分析等。这些工作通常需要耗费大量的时间和人力，并且容易出错。大语言模型可以显著提高这些工作的效率并降低错误率。

- **规则性强**：需要遵循特定规则和流程的工作可能会被 ChatGPT 等工具替代，包括客服、电话销售、问答平台等。这些工作需要与用户沟通，并根据用户的需求提供相应的回答或服务。通过使用 ChatGPT 等工具，可以自动对话，并提供相应的回答或服务，从而节省时间和人力成本。

- **模式识别**：需要进行模式识别的工作可能会被 ChatGPT 等工具替代。这些工作包括图像识别、语音识别等。这些工作需要对大量数据进行处理和分析，并识别其中的模式。通过使用 ChatGPT 等工具，可以自动进行数据分析和模式识别，从而节省大量时间和人力成本。此外，像医疗诊断等需要大量医学知识和经验的工作，大语言模型也可以自动分析患者的症状和病史，进行医学图像诊断，并提供相应的诊断建议，大大减轻医生的工作负担，并提高诊断的准确性。

2023 年 3 月 26 日，Twitter 用户 Cooper 发文称 GPT-4 救了他家宠物狗的命（GPT-4 saved my dog's life），如图 12-23 所示。一开始，兽医误诊 Cooper 的宠物狗为寄生虫病。但当 Cooper 把宠物狗的血液化验单结果输入给 GPT-4 并提问时，GPT-4 给出了 IMHA（免疫性溶血性贫血）的诊断建议，经过医生的对症下药，Cooper 的宠物狗奇迹般地康复了。

图 12-23　被 GPT-4 "拯救" 的宠物狗

- **文字处理**：需要进行大量文本处理的工作可能会被 ChatGPT 等工具替代。这些工作包括新闻摘要、机器翻译和文章写作等。这些工作需要对大量文本进行处理和分析，并提供相应的回答或服务。通过使用 ChatGPT 等工具，可以自动生成文章、进行文本翻译和生成摘要等，从而节省时间和人力成本。例如，撰写法律文书的工作需要遵循特定的格式和法律规则。大语言模型可以自动生成法律文书，从而减轻律师的工作负担，并自动学习法律规则和案例，提供相应的法律建议和支持。

- **数据分析**：需要进行大量数据分析和预测的工作，如金融预测、市场分析等，可能会被 ChatGPT 等工具替代。大语言模型可以通过学习大量的数据，自动分析和预测，并提供决策支持。例如，财务审计等烦琐且需要耗费大量人力的工作，通过使用 ChatGPT 等工具，可以自动进行数据分析和预测，并检测出异常数据，大大提高审计的准确性和效率。

需要明确的是，对一些职业和岗位的冲击只是 GPT 等大语言模型对人类社会影响的表层影响。最需要令人深思的是，当 AGI 快速发展时，整个人类社会的结构是否会发生变化？

赫拉利在他的《人类简史》中提到，智人之所以能够淘汰尼安德特等其他人种统治地球，是因为想象力。想象我们是一个共同体，从而一同协作推进文明发展。而想象力的基石是人类强大的语言能力，以及由语言产生的文字带来的知识的传承和应用。

当知识、语言能力，甚至想象力都不再属于人类的专有时；当大语言模型能以远超人类极限的速度获取知识并融会贯通时，我们真的应该思考当下知识的生产和传承模式是否需要革新。

首先是知识的普及。大语言模型使得大量知识的获取变得更加容易。人们可以在短时间内获得相关领域的专业知识，减少了查找资料的时间，提高了效率。例如，ChatGPT 等工具就像人类的第三个大脑，省去了我们不少记忆和储备知识的时间。

其次是知识的传承。在教育实践领域，大语言模型能够为教育者提供个性化的教学支持，助力课堂教学，并为学生提供实时反馈，促使教育者重新思考教学方法和课程设计。当ChatGPT 等工具能够把传统的靠大量时间学习才能获取的知识轻松地赋予每个个体时，教育的目标也会把重心从知识获取迁移为灵活运用。

然后是围绕知识的跨学科和跨语言交流合作。大语言模型能够理解和处理多领域的知识，有助于跨学科的研究和应用。这使得不同领域的专家更容易合作，加速创新。此外，它还可以帮助翻译和传播不同语言和文化的知识，促进全球文化交流，有助于保护和传承濒临消失的语言和文化。

最后是知识的创新。大语言模型可以帮助研究人员发现新的联系、概念和视角，从而激发创新。通过提供大量的信息，它可以拓展研究人员的思考边界，促进新想法的诞生。很多时候，人类创新的瓶颈在于个体涉猎的知识领域有盲区，而大语言模型可以帮助研究人员填补这些盲区，从而迸发出更激烈的思维火花。

12.4　给前端工程师的建议

作者经历过 Web 开发早期的"草莽时代"。当时，前端开发环境的兼容性、工程化和技术框架等问题都还没有得到很好的解决。那时的前端工程师的主要职责是编写满足产品需求的脚本和符合设计要求的样式。对于一些边界问题，前端工程师更倾向于在技术社区或身边的技术专家中寻求答案。

后来，以 AngularJS、Vue 和 React 为代表的前端技术框架蓬勃发展，前端工程师能够更加专注地实现业务功能。与此同时，工程师们更注重文档和开源仓库建设，开发者可以从 GitHub 和项目官网上获取准确的资料，并以此为基础提升研发效率。事实上，大语言模型之所以能在编程领域涌现出如此多超乎预期的能力，是因为这些丰富而规范的互联网资源的存在。

如今，随着 AGI 野蛮生长的新时代的到来，我们与知识，特别是开发类知识的关系发生了根本的改变。这些知识从需要我们主动获取变成了"入侵"我们工作的各个环节，换言之，我们之间的关系从"依存"变成了"共生"。

未来已来，我们需要放下对 AGI 的偏见和抵触，积极拥抱变化，让 ChatGPT 等工具更好地为我们的开发工作服务。我们不仅要成为一名优秀的前端工程师，还要成为一名优秀的指令工程师，学会如何驱动大语言模型为自己所用。可以预见的是，在不久的将来，这种变化将导致大量的人失业；同时，也将创造大量的岗位。这种变化不仅是剧烈的，而且是快速的。

借用温斯顿·丘吉尔的话，我们互相勉励：To improve is change；to be perfect is to change often.（追求进步，莫不求变；欲臻完美，变化无常。——ChatGPT 翻译）

反侵权盗版声明

电子工业出版社依法对本作品享有专有出版权。任何未经权利人书面许可，复制、销售或通过信息网络传播本作品的行为；歪曲、篡改、剽窃本作品的行为，均违反《中华人民共和国著作权法》，其行为人应承担相应的民事责任和行政责任，构成犯罪的，将被依法追究刑事责任。

为了维护市场秩序，保护权利人的合法权益，我社将依法查处和打击侵权盗版的单位和个人。欢迎社会各界人士积极举报侵权盗版行为，本社将奖励举报有功人员，并保证举报人的信息不被泄露。

举报电话：（010）88254396；（010）88258888

传　　真：（010）88254397

E - m a i l：dbqq@phei.com.cn

通信地址：北京市万寿路173信箱
　　　　　电子工业出版社总编办公室

邮　　编：100036